下一代互联网（IPv6）搭建与运维（初级）

主 编 尹玉杰 许彦佳 张 鹏
参 编 杨鹤男 吴翰青 李永剑

机械工业出版社

本书采用任务驱动，结合实际生产环境来引导读者学习和掌握下一代互联网（IPv6）搭建与运维的相关知识和配置操作，本书主要内容包括网络设备安装部署与网络协议、配置交换机、配置路由器、配置无线网络和配置防火墙。

本书可作为1+X职业技能等级证书"下一代互联网（IPv6）搭建与运维"的培训及考证教材，也可作为计算机网络技术、网络信息安全以及计算机应用等专业的教材。

本书配有电子课件，选用本书作为授课教材的教师可登录机械工业出版社教育服务网（www.cmpedu.com）注册后免费下载，或联系编辑（010-88379194）咨询。

图书在版编目（CIP）数据

下一代互联网（IPv6）搭建与运维：初级 / 尹玉杰，许彦佳，张鹏主编 . -- 北京：机械工业出版社，2025.

1. -- ISBN 978-7-111-77051-0

Ⅰ. TN915.04

中国国家版本馆CIP数据核字第2024DT0081号

机械工业出版社（北京市百万庄大街22号　邮政编码100037）
策划编辑：李绍坤　　　　　　责任编辑：李绍坤　章承林
责任校对：王荣庆　刘雅娜　　封面设计：鞠　杨
责任印制：郜　敏
北京富资园科技发展有限公司印刷
2025年2月第1版第1次印刷
184mm×260mm・15印张・345千字
标准书号：ISBN 978-7-111-77051-0
定价：48.00元

电话服务　　　　　　　　网络服务
客服电话：010-88361066　　机　工　官　网：www.cmpbook.com
　　　　　010-88379833　　机　工　官　博：weibo.com/cmp1952
　　　　　010-68326294　　金　书　网：www.golden-book.com
封底无防伪标均为盗版　　机工教育服务网：www.cmpedu.com

本书依托下一代互联网（IPv6）的发展，践行"岗课赛证"融通模式，理论与实践紧密结合，通过在数据通信网络（DCN）设备上进行从IPv4过渡到IPv6的实验，使读者更快、更直观地掌握IPv6的理论知识与实操技能。本书是为已经具备IPv4网络基础知识并想继续学习IPv6技术的读者编写的。对于中职和高职院校计算机专业二年级以上的学生，本书是其加深网络知识、掌握网络前沿技术的好教材。同时本书也可以作为1+X职业技能等级证书"下一代互联网（IPv6）搭建与运维"的培训及考证教材。

本书打破学科体系，将理论知识嵌入任务中，结合首岗和多岗迁移需求，以职业能力为本位，注重基本技能训练，为读者就业和具备较强的转岗能力打基础，并体现新知识、新技术、新方法。

本书采用任务模式进行编写，有利于读者把握任务之间的关系，把握完整的工作过程，激发学习兴趣，并体验成功的快乐，有效提高学习效率。

本书从应用实战出发，首先将所需内容以各个学习单元的形式表现出来，其次以任务的形式对知识点进行详细分析和讲解，在每个任务的最后对当前的任务进行总结和评价，并配有相应的知识小测，使读者在短时间内掌握更多有用的技术和方法，快速提高职业技能水平。

本书采用校企双元合作开发的模式，编写组成员包括行业企业专家、职业院校一线教师。在编写过程中，校企双方充分沟通，确定本书编写体例和内容，确保书中的教学任务是按照企业实际的工作要求进行编排，教学内容是按照职业技能等级标准中的初级职业技能模块进行设置的。

本书结合IT企业的实际生产环境进行设计，在每个单元的任务中融入了提升学生个人素质的教学内容，实现综合育人。

本书插图采用了神州数码图标库中的标准图标，除真实设备外，所有图标的逻辑示意如下。

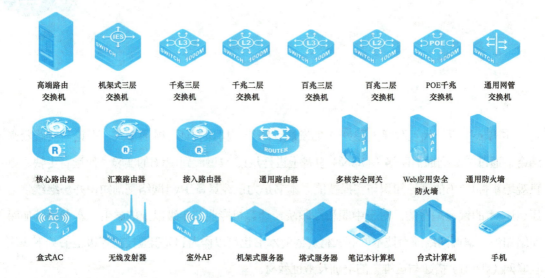

　　本书由尹玉杰、许彦佳、张鹏任主编并负责统稿,参加编写的还有杨鹤男、吴翰青、李永剑。本书编写分工如下:岗前培训由尹玉杰、张鹏编写,单元1和2由许彦佳、杨鹤男编写,单元3和4由吴翰青、李永剑编写。编写人员均来自高新技术企业和高水平职业学校,学校教师均是指导过技能比赛的一线教师。

　　由于编者水平有限,书中不足之处在所难免,欢迎读者批评指正。

编　者

目录

前言

岗前培训

网络设备安装部署与网络协议   **1**

    一、设备选型   1

    二、企业IT网络实施方案编写   7

    三、网络设备上架安装   17

    四、TCP/IP模型   25

    五、IP报文格式   28

    六、ICMP   31

    七、ARP   35

单元1

配置交换机   **39**

    任务1   规划IP地址   39

    任务2   配置交换机IP地址   44

    任务3   配置交换机带外管理   48

    任务4   交换机配置基础   53

    任务5   恢复出厂设置及交换机基本配置   60

    任务6   解决enable密码丢失问题   66

    任务7   学习常用网络测试命令   70

    任务8   配置交换机远程管理   76

    任务9   配置交换机VLAN功能   82

    任务10   多层交换机VLAN的划分和VLAN间路由   88

    任务11   配置跨交换机相同VLAN间通信功能   95

    任务12   配置生成树   101

    任务13   配置交换机端口镜像   109

    任务14   配置端口隔离   113

    任务15   配置环路检测功能   120

单元2

配置路由器   **127**

    任务1   路由器基本管理   127

    任务2   路由器的监视与维护   133

    任务3   配置远程网络监控   138

    任务4   配置PDP网络设备发现功能   142

    任务5   配置路由器端口   146

    任务6   配置直连路由   151

    任务7   配置静态路由   156

单元3

配置无线网络   **165**

    任务1   切换AP工作模式   165

    任务2   配置多SSID的无线接入   169

    任务3   配置AC发现AP   176

    任务4   配置AP发现AC   181

    任务5   配置无线网络   187

    任务6   配置无线网络的安全接入认证   192

单元4

配置防火墙   **197**

    任务1   登录防火墙   197

    任务2   使用Web UI管理防火墙   206

    任务3   配置防火墙基础   209

    任务4   管理防火墙配置和系统   216

    任务5   配置SNMP功能   220

    任务6   配置NTP功能   225

    任务7   配置防火墙的旁路部署模式   229

参考文献   **232**

岗前培训
网络设备安装部署与网络协议

网络协议是网络上所有设备（网络服务器、计算机及交换机、路由器、防火墙等）之间通信规则的集合，它规定了通信时信息必须采用的格式和这些格式的意义。理解网络协议的概念及原理是互联网搭建与运维的重要基础。岗前培训主要介绍现代企业中广泛应用的网络设备与常用网络协议的概念、原理。通过岗前培训，读者应理解网络的架构，认识常见网络协议、报文的结构和应用场景，培养网络实施方案编写及设备上架安装的能力。

一、设备选型

系统集成公司承接了祥云公司的网络改造项目，需要对该公司重新进行网络框架的搭建。作为网络工程师，需要你对每层网络设备的选择提供参考意见。

在搭建网络框架的过程中，需要对网络架构的知识进行相应了解，例如什么是接入层、汇聚层、核心层，这三层的功能以及所用的网络设备有哪些，并对三层网络架构创建过程中要注意的事项进行相应的了解。

学习目标

- 了解每层的应用场景。
- 了解每层所推荐的设备。
- 了解如何选用每层的设备。
- 掌握常用的网络设计分级模型。
- 掌握接入层、汇聚层、核心层的功能。

- 掌握接入层、汇聚层、核心层的设备选择要求。
- 通过设备选型和网络设计分层的学习，培养精益求精的工匠精神。

三层网络架构是现在网络构成方式的一个结构分层，也就是将复杂的网络设计成三个层次——接入层、汇聚层和核心层。接入层负责将包括计算机、接入点（AP）等在内的工作站接入网络；汇聚层着重于提供基于策略的连接，位于接入层和核心层之间；核心层则主要用于网络的高速交换主干。这样的设计能够将一个复杂且大而全的网络分成三个层次进行有序管理。

1）接入层——为多业务应用和其他的网络应用提供用户到网络的接入。

2）汇聚层——提供基于策略的连接。

3）核心层——提供最优的区间传输。

（一）接入层

1. 概念

接入层是本地终端用户被许可接入网络的点。该层可能使用访问列表或者过滤器来满足一组特定用户的需要，比如满足那些经常参加视频会议的用户的需求。通常，两层交换机在接入层中起非常重要的作用。在接入层中，交换机被称为边缘设备（Edge Device），因为它们位于网络的边界上。

接入层为用户提供了在本地网段访问应用系统的能力，主要解决相邻用户之间的互访需求，并且为这些访问提供足够的带宽。在大中型网络里，接入层还应当负责一些用户管理功能（如地址认证、用户认证、计费管理等），以及用户信息收集工作。

因为接入层的主要目的是允许终端用户连接到网络，所以接入层交换机往往具有低成本和高端口密度特性，通常使用性价比高的设备。管理型交换机和非管理型交换机都可以用在接入层，视具体预算和网络需求而定。

2. 功能

1）在园区网环境中，接入层包括下列功能：

① 共享带宽。

② 交换带宽。

③ 介质访问控制（MAC）过滤。

④ 微分段。

2）在非园区网环境中，接入层可以通过广域技术，比如普通传统电话业务（POTS）、帧中继、综合业务数字网（ISDN）、x数字用户线（xDSL）和租用线路，将远程站点接入企业网中。

3. 接入层所要选用的设备和技术（见图0-1-1）。

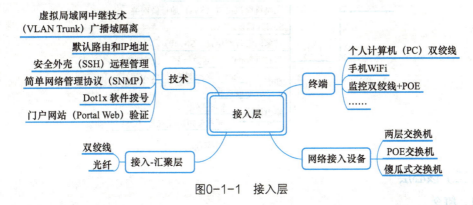

图0-1-1　接入层

（二）汇聚层

1. 概念

汇聚层是网络接入层和核心层的"中介"，就是在工作站接入核心层前先做汇聚，以减轻核心层设备的负荷。

汇聚层具有实施策略、安全、工作组接入、虚拟局域网（VLAN）间的路由、源地址或目的地址过滤等多种功能。在汇聚层中，应该选用支持三层交换技术和VLAN的交换机，以达到网络隔离和分段的目的。

2. 功能

1）在园区网环境中，汇聚层包含如下功能：

① 将部门或工作组的访问连接到骨干。

② 广播/组播域的定义。

③ VLAN间（Inter-VLAN）的路由选择。

④ 介质转换。

⑤ 安全策略。

2）在非园区网环境中，汇聚层负责处理路由选择域之间的信息重分配，并且通常是静态和动态路由选择协议之间的分界点。汇聚层也可以是远程站点访问企业网络的接入点。可以将汇聚层汇总为提供基于策略连接的层。数据包的处理、过滤、路由总结、路由过滤、路由重新分配、VLAN间路由选择、策略路由和安全策略是汇聚层的一些主要功能。

3．汇聚层所要选用的设备和技术（见图0-1-2）

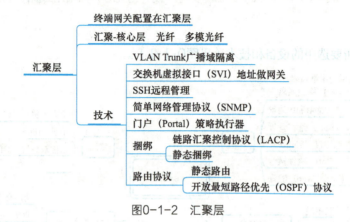

图0-1-2　汇聚层

（三）核心层

1．概念

核心层是网络的高速交换主干，对整个网络的连通起到至关重要的作用。核心层应该具有如下几个特性：可靠性、高效性、冗余性、容错性、可管理性、适应性、低延时性等。在核心层中，应该采用高带宽的千兆字节以上交换机。

核心层是网络的枢纽，重要性突出。核心层设备采用双机冗余热备份是非常必要的，也可以使用负载均衡功能来改善网络性能。

2．功能

核心层是一个高速的交换式骨干，其设计目标是使得交换分组所耗费的时间延时最小。同开放最短路径优先（OSPF）协议中的区域0一样，核心（Core）和骨干（Backbone）是同义词。

园区网的这一层不对数据包/帧进行任何处理，比如处理访问列表和进行过滤，因为这会降低包交换的速度。目前常见的做法是在核心层完全采用第3层交换环境，这就意味着VLAN和VLAN Trunk不会出现在核心层中。这也意味着在核心层中可以避免生成树环路。核心层的主要功能是在园区网的各个汇聚层设备之间提供高速的连接。

3．核心层所要选用的设备和技术（见图0-1-3）。

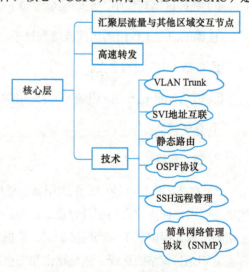

图0-1-3　核心层

（四）出口层

1. 小型企业网

小型企业网的网络设计框架一般采用用户终端—交换机—出口路由器—广域网（Wide Area Network，WAN）。

2. 一般企业网

一般企业网的网络设计模型为三层精简模型，分层有利于网络的扩展和管理。

1）接入层：第1层，此层设备主要为接入层交换机，用以接入企业终端设备，如PC、AP、IP电话、服务器等。

2）汇聚层/分布层（在服务集群场景下汇聚层又称为分布层）：第2层，此层设备主要为路由器，用于将内网下层所有设备发送的流量汇聚，实现包括网关配置、VLAN Interface（接口）配置、不同VLAN之间互通等工作。

3）核心层：第3层，此层设备一般为路由器或高性能三层核心交换机等，用于快速转发汇聚层上发送的数据，通过核心层的网关设备将数据转发至广域网。

3. 服务集群架构

对于大型企业来说会有服务器集群，要与员工办公的一般设备区分开，其结构一般为接入层—分布层—核心层—服务器集群。

访客通过互联网网关访问服务器资源，分布层的核心交换机负责将访问的大量流量分发到各个服务器中去。

注意事项：

实际工作中，有的小型企业会将核心层与汇聚层合并为核心层，下面是接入层；还要注意各层设备都是多个，这样起到了冗余的作用，增强了网络的稳定性。

4. 出口层所要选用的设备和技术（见图0-1-4）。

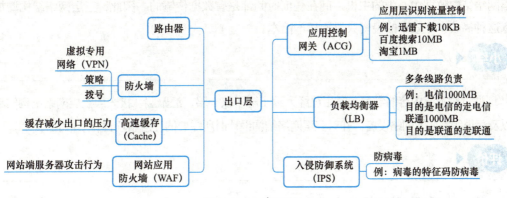

图0-1-4　出口层

（五）三层网络结构设计的注意事项

三个分层（核心层、汇聚层和接入层）在网络中并非以明确的物理实体形式存在，层次的定义是为了实现网络设计和表示网络中必须存在的功能。各层的实例可以是单独的路由器、交换机，可以用物理介质表示，也可以合成为一个设备或者完全省略。各层如何实现，需要根据网络设计的目标来确定。然而，要使得网络能以最优的方式工作，分级是必需的。

三层网络结构中，数据中心的网络传输模式是不断改变的。大多数网络都是纵向（North-South）的传输模式——主机与网络中的其他非相同网段的主机通信都是通过设备—交换机—路由到达目的地。同时，三层网络结构中，在同一个网段的主机通常连接到同一个交换机，可以直接相互通信。

在现代数据中心的计算和存储基础设施中，三层网络结构的主要网络流量模式已经不是单纯的不同网段之间通信。三层网络结构内外网的通信、网段分布在多个接入交换机中，主机需要通过网络互联。这些网络环境的变化催生了两种技术趋势：网络收敛和虚拟化。

网络收敛：三层网络结构中，储存网络和通信网络在同一个物理网络中。主机和阵列之间的数据传输通过储存网络来传输，在逻辑拓扑上就像是直接连接，如互联网小型计算机系统接口（ISCSI）等。

虚拟化：将物理客户端向虚拟客户端转化。虚拟化服务器是未来发展的主流和趋势，它将使三层网络结构的网络节点的移动变得非常简单。

横向（East-West）网络在纵向设计的三层网络结构中传输数据会有传输的瓶颈，因为数据经过了许多不必要的节点（如路由和交换机等设备）。如果三层网络结构中的主机需要通过高速带宽相互访问，经过层层的级联口，会导致潜在的、非常明显的性能衰减。

三层网络结构的原始设计更会加剧这种性能衰减，这是由于生成树协议会防止冗余链路存在环路，双上行链路接入交换机只能使用一个指定的网络接口链接。

虽然增大内部交换层的带宽有助于改善三层网络结构的传输阻塞，但这样受益的只是一个节点。横向网络模式中主机之间的数据传输并非同一时间只存在于两个节点之间。相反，三层网络结构数据中心中的主机之间在任何时间都是有数据传输的。因此，三层网络结构增加带宽这种高成本低效率的投资只是治标不治本。

小结

通过对本节内容的学习，学生已经大致了解了核心层、汇聚层、接入层三层网络结构的功能以及每层所需要的网络设备，并对三层网络结构设计时所需要的注意事项也有了相应的了解。

评价

请根据实际情况填写表0-1-1。

表0-1-1 评价表

评价内容	评价目的	标准		方式	学生自评	教师评价
能够说出常用的网络设计分级模式	检查掌握知识和技能的程度	正确（2分）	错误（0分）	满分为10分，根据完成情况评分		
说出接入层、汇聚层、核心层的功能		正确（2分）	错误（0分）			
能够说出接入层、汇聚层、核心层各层的设备选择要求		完成（3分）	未完成（0分）			
个人表现	评价参与学习的态度与能力，团队合作的情况等	3分				
合 计						

注：合计=学生自评占比40%+教师评价占比60%。

知识小测

单项选择题

1. 以下关于层次化网络设计模型的描述中，不正确的是（　　）。

    A．终端用户网关通常部署在核心层，实现不同区域间的数据高速转发

    B．流量负载和VLAN间的路由在汇聚层实现

    C．MAC地址过滤、路由发现在接入层实现

    D．接入层连接无线AP等终端设备

2. 三层网络设计方案中，（　　）是汇聚层的功能。

    A．不同区域的高速数据转发　　　　B．用户认证、计费管理

    C．终端用户接入网络　　　　　　　D．实现网络的访问策略控制

3. 三层网络设计方案中，（　　）是核心层的功能。

    A．不同区域的高速数据转发　　　　B．用户认证、计费管理

    C．终端用户接入网络　　　　　　　D．实现网络的访问策略控制

二、企业IT网络实施方案编写

祥云公司原有的网络跟不上现有企业发展的业务需要，出现网络通信质量不佳、网络延迟、网络拥堵、网络安全等一系列问题，针对这些问题，该公司想对网络进行升级改造，以确

保公司的各项工作能够顺利开展。

根据公司的要求,首先需要对该公司的网络进行整体规划,然后对网络需求进行分析,规划网络,并对网络安全进行设置。

学习目标

- 了解企业IT架构包含的内容。
- 了解网络系统规划。
- 了解基础网络规划包含的内容。
- 了解网络规划方案。

(一)总体框架

一般企业的IT架构包括企业IT网络部分和企业IT应用系统部分,如图0-2-1所示。这里主要介绍企业IT网络部分的实施方案。

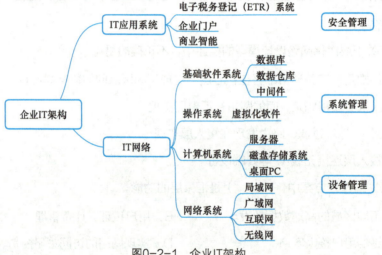

图0-2-1 企业IT架构

(二)网络系统规划

目前,一般企业对于信息化方面投入比较有限。首先,人手不够,专业人才不够,应用能力、维护能力、开发能力、实施能力等都比较弱,这就更加需要网络架构稳定、安全、成熟、可靠,尽可能投入少的人力和金钱进行维护;另外,企业首先考虑的是生存,而不是信息化,因此根本没有可能做到"先信息化,后业务",这就导致网络实施要求必须简单,且实施时间短,这样才有可能更好地让企业运作起来。

一般来讲,企业IT网络一般包括局域网和广域网连接、网络管理、网络安全性三大要素。接下来分别对每个要素进行分析讲解。

企业组网需求如图0-2-2所示。

企业的一般组网结构如图0-2-3所示,大企业网络核心层一般采用冗余节点和冗余线路的拓扑结构，小企业则采用单线路的连接方式。

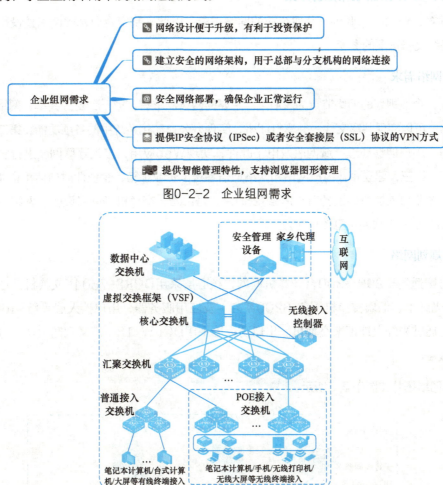

图0-2-2　企业组网需求

图0-2-3　企业的一般组网结构

针对一般企业的信息化要求和网络规划要素进行分析，从总体上来看，网络规划实施方案必须具有图0-2-4所示的特点。

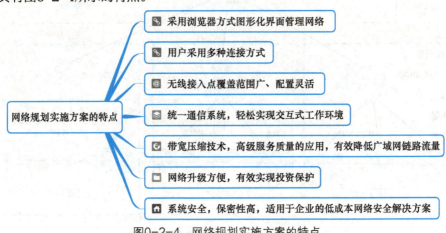

图0-2-4　网络规划实施方案的特点

— 9 —

（三）安全基础网络规划方案

根据对企业的实际调研，获取企业的网络需求，以此来制定企业基础网络建设规划方案和作为网络设备选型的参考。

1．网络需求

目前，企业规划的网络节点为200个，主要的网络需求有：第一，资源共享，网络内的各个桌面用户可以实现共享文件、共享打印机，实现办公自动化系统中的各项功能；第二，网络通信服务，用户能够通过广域网收发电子邮件，实现Web应用，接入互联网，进行安全的互联网访问；第三，建立企业门户网站和网络通信系统（企业邮箱、企业即时通信和企业短信平台等）。企业目前拥有的设备有：PC约250台；路由器、交换机等网络设备；网络带宽为电信的10M专线，无线网信息较稳定。

2．规划网络

本方案适用于200～300台计算机联网，核心层采用DCRS-7604E交换机，通过千兆双绞线/光纤下连汇聚交换机（CS6200系列）及应用服务器；用户接入层采用S4600系列交换机，通过光纤上连汇聚交换机。出口防火墙采用DCFW-1800E系列防火墙。办公区用WiFi6覆盖。

1）网络拓扑如图0-2-5所示。

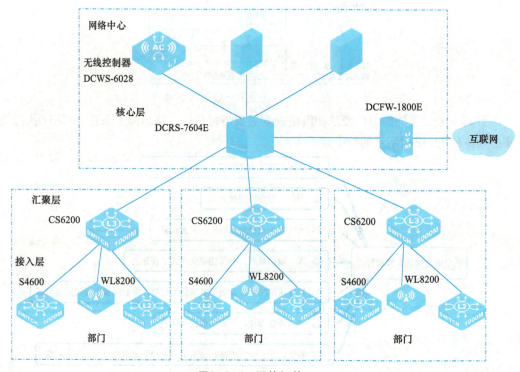

图0-2-5　网络拓扑

2）设备选型和部署位置见表0-2-1。

表0-2-1 设备选型和部署位置

业务	设备选型	配置说明	数量	部署位置
出口防火墙	DCFW-1800E系列	5个10/100/1000M以太网电口，4个千兆Combo接口，双电源冗余设计	1	核心机房
核心交换机	DCRS-7604E系列	DCRS-7604E（R2.0）机箱式路由交换机主机（4个业务插槽，前两个业务插槽可插管理引擎模块，交流电源1+1冗余），8个千兆以太网电口（RJ45）+12个千兆SFP光口+12个万兆SFP光口+2个40G QSFP光口	1	核心机房
汇聚交换机	CS6200系列	CS6200路由交换机（24个千兆以太网电口+4个复用千兆SFP光口+4个10G SFP光口），主机内置双AC电源	1	各楼层弱电间
接入交换机	S4600系列	千兆以太网交换机（48个千兆以太网电口+4个千兆SFP光口）	8	各楼层弱电间
无线控制器	DCWS-6028系列	有线无线一体化智能控制器（26个千兆电口+2个复用的千兆光口+2个万兆SFP光口），默认含16台AP管理许可	1	核心机房
无线AP	WL8200系列	WiFi6室内双频放装型无线接入点，内置天线，整机接入速率2975Mbit/s，2个射频，6条空间流，2个2.5Gbit/s以太网接口，支持双POE端口，1个Console接口，2个USB接口，1个蓝牙接口，支持标准802.3at POE供电和本地DC 12V/2A供电	5	各楼层

3）方案特点如图0-2-6所示。

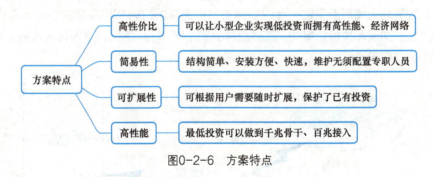

图0-2-6 方案特点

（四）广域网互联VPN规划方案

伴随企业的不断扩张，企业分支机构及客户群分布日益分散，合作伙伴日益增多，越来越多的现代企业迫切需要利用公共Internet资源来进行促销、销售、售后服务、培训、合作及其他咨询活动，这为VPN的应用奠定了广阔的市场基础。

在VPN方式下，VPN客户端和设置在内部网络边界的VPN网关使用隧道协议，利用Internet或公用网络建立一条"隧道"作为传输通道，同时VPN连接采用身份认证和数据加密等技术避免数据在传输过程中受到监听和篡改，从而保证数据的完整性、机密性和合法性。通过VPN方式，企业可以利用现有的网络资源实现远程用户和分支机构对内部网络资源的访问，不但节省了大量的资金，而且具有很高的安全性。

另外，随着企业规模的扩大，分散办公也越来越普遍，如何实现小型分支、出差员工、合作伙伴的远程网络访问也受到越来越多企业的关注。从成本、易用性、易管理等多方面综合考虑，SSL VPN无疑是一种最合适的方案，只需要在总部部署一台设备，成本更低，管理维护也很容易；无须安装客户端，无须配置，登录网页就能使用。

1. 网络需求

IPSec VPN和SSL VPN各有所长，功能互补，对企业来说都是需要的。IPSec VPN用于总部和中大型分支互联，SSL VPN用于为小型分支、合作伙伴、出差人员提供远程网络访问。但传统方法下，企业总部需要采购两台设备来支持两种VPN，不仅成本高，还可能存在VPN策略冲突，导致性能下降、管理困难。

2. 规划方案

针对企业的实际需要，一台VPN设备融合IPSec和SSL两种VPN，只需部署在总部，既可以用于为合作伙伴、出差人员提供远程网络访问，也可以和分支机构进行IPSec VPN互联，帮助企业降低采购、部署、维护三方面的成本。

VPN网关选择方面，防火墙、路由器都能够实现VPN，给企业提供更加灵活的选择。例如，如果企业非常强调网络安全、VPN性能，就选择防火墙；如果企业更注重多业务处理能力，如IP语音通信、5G上网、无线接入等，则推荐选择路由器。

在总部局域网Internet边界防火墙后面配置一台或两台双机热备的VPN网关，在分支机构Internet边界防火墙后面配置一台VPN网关，由此两端的VPN网关建立IPSec VPN隧道，进行数据封装、加密和传输；另外，通过总部的VPN网关提供SSL VPN接入业务。VPN规划方案如图0-2-7所示。

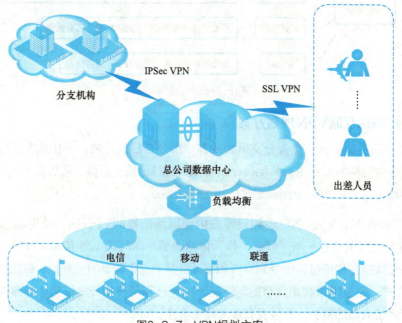

图0-2-7　VPN规划方案

3. 网络安全规则

网络安全是整个系统安全运行的基础，是保证系统安全运行的关键。网络系统的安全需求包括以下几个方面：

1）网络边界安全需求。

2）入侵检测与实时监控需求。

3）安全事件的响应和处理需求。

这些需求在各个应用系统上的不同组合要求把网络分成不同的安全层次。企业网络层的安全采用硬件保护与软件保护相结合，静态防护与动态防护相结合，由外向内多级防护的总体策略。

根据安全需求和应用系统的目的，整个网络可划分为以下5个不同的安全层次：

1）核心层：核心数据库。

2）安全层：应用信息系统中间件服务器等应用。

3）基本安全层：内部局域网用户。

4）可信任层：公司本部与营业部网络访问接口。

5）危险层：Internet。

4. 网络安全策略

信息系统各安全域中的安全需求和安全级别不同，网络层的安全主要是在各安全区域间建立有效的安全控制措施，使网络间的访问具有可控性。

（1）核心数据库采取物理隔离策略　应用系统采用分层架构方式，客户端只需要访问中间件服务器即可进行日常业务处理，从物理上不能直接访问数据库服务器，保障了核心层数据的高度安全。

（2）应用系统中间件服务器采取综合安全策略　应用系统中间件服务器的安全隐患主要来自局域网内部，为了保障应用系统中间件服务器的安全，在局域网中可通过划分虚拟子网对各安全区域和用户之间实施安全隔离，提供子网间的访问控制能力。同时，中间件服务器本身可以通过配置相应的安全策略限定经过授权的工作站和用户方能访问系统服务，保障了中间件服务器的安全性。

（3）内部局域网采取信息安全策略　公司本部及营业部内部局域网处于基本安全层的网络，主要是安全防护能力较弱的终端用户在使用，因此考虑的重点在于两个方面，一个是客户端的病毒防护，另一个是防止内部敏感信息的对外泄露。因此，应选用网络杀毒软件达到内部局域网的病毒防护，同时，使用专用网络安全设备（如硬件防火墙）建立起有效的安全防护，并通过访问控制列表（ACL）等安全策略的配置，有效地控制内部终端用户和外部网络的信息交换，实现内部局域网的信息安全。

（4）公司本部与下属机构之间的网络接口采取通信安全策略　处于可信任层的网络，其安全主要考虑各下属单位上传的业务数据的保密安全，因此，可采用数据层加密方式，通过硬件防火墙提供的VPN隧道进行加密，实现关键敏感性信息在广域网通信信道上的安全传输。

（5）Internet采取通信加密策略　Internet属于非安全层，由于Internet存在着大量的恶意攻击，因此考虑的重点是要避免涉密信息在该层次中的流动。需要通过硬件防火墙提供专业的网络防护能力，并对所有访问请求进行严格控制，对所有的数据通信进行加密后传输。

同时，建议设置严格的机房管理制度，严禁非授权人员进入机房，这能够进一步提升整个网络系统的安全。

5．广域网安全规划

企业广域网安全主要通过防火墙和VPN等设备或技术来保障。防火墙对流经它的网络通信进行扫描，能够过滤掉一些攻击，还可以关闭不使用的端口。防火墙具有很好的保护作用，入侵者必须首先穿越防火墙的安全防线，才能接触目标计算机，所以出于安全考虑，企业必须购置防火墙以保证其服务器安全，将应用系统服务器放置在防火墙内部的专门区域。一般硬件防火墙比软件防火墙的性能更好，建议选择企业级的硬件防火墙，硬件防火墙市场知名度高的品牌有Cisco、Check Point、Juniper、H3C、天融信、华为赛门铁克、联想网御等，用户应根据应用情况选择合适的防火墙。

VPN提供了一种通过公共非安全介质（如Internet）建立安全专用连接的技术。使用VPN技术，就连机密信息都可以通过公共非安全的介质进行安全传送。逐步发展与成熟的VPN技术，可为企业的商业运作提供一个无处不在的、可靠的、安全的数据传输网络。VPN通过安全隧道建立一个安全的连接通道，将分支机构、远程用户、合作伙伴等和企业网络互联，形成一个扩展的企业网络。

VPN的结构如图0-2-8所示。

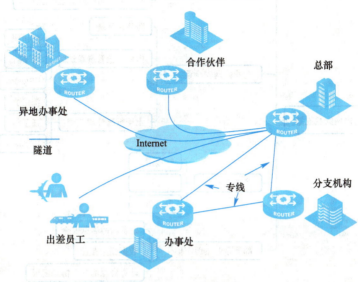

图0-2-8　VPN的结构

VPN的基本特征如下：

1）使企业享受到在专用网中可获得的相同安全性、可靠性和可管理性。

2）网络架构弹性大——无缝地将Intranet延伸到远端办事处、移动用户和远程工作者。

3）可以通过外部网（Extranet）连接企业合作伙伴、供应商和主要客户（建立绿色信息通道），以提高客户满意度、降低经营成本。

VPN的实现方式如图0-2-9所示。

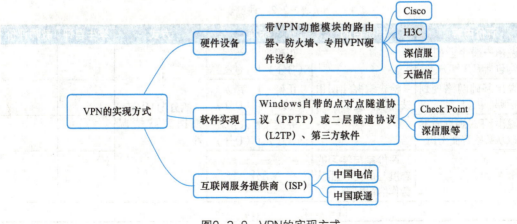

图0-2-9　VPN的实现方式

6．内网安全规划（见图0-2-10）。

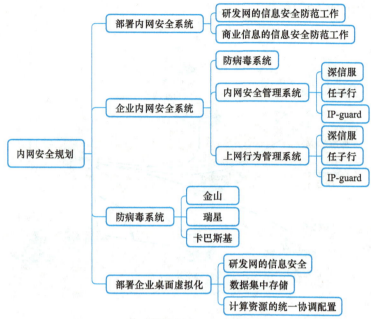

图0-2-10 内网安全规划

小结

通过本节的学习，学生基本上了解了一般企业的IT架构包括哪几部分，了解了网络系统规划需要考虑哪些方面，了解了安全基础网络规划方案包括哪些内容，了解了广域网互联VPN规划方案要考虑哪些方面。

评价

请根据实际情况填写表0-2-2。

表0-2-2 评价表

评价内容	评价目的	标准		方式	学生自评	教师评价
说出一般企业的IT架构包括哪几部分	检查掌握知识和技能的程度	正确（2分）	错误（0分）	满分为10分，根据完成情况评分		
说出基础网络规划包括哪些内容		正确（2分）	错误（0分）			
说出VPN规划方案可以从哪些方面考虑		完成（3分）	未完成（0分）			
个人表现	评价参与学习的态度与能力，团队合作的情况等	3分				
合计						

注：合计=学生自评占比40%+教师评价占比60%。

单项选择题

1. 以下对计算机网络体系结构中的协议描述错误的是（ ）。

   A．协议是控制两个对等实体间通信的规则的集合

   B．网络协议的三要素是语法、语义、时序

   C．协议对通信过程中事件的实现顺序不做规定，而是由实现该协议的程序员根据实际情况具体掌握

   D．协议规定了对等实体间所交换的信息的格式和含义

2. VPN设计的安全性原则不包括（ ）。

   A．隧道与加密　　　　　　　　B．数据验证

   C．用户识别与设备验证　　　　D．路由协议的验证

3. 无线局域网使用的协议标准是（ ）。

   A．802.9　　　B．802.1　　　C．802.11　　　D．802.12

4. 以下关于VPN的说法正确的是（ ）。

   A．VPN指的是用户自己租用线路，和公共网络物理上完全隔离的、安全的线路

   B．VPN指的是用户通过公用网络建立的临时的、安全的连接

   C．VPN不能做到信息验证和身份认证

   D．VPN只能提供身份认证，不能提供加密数据的功能

三、网络设备上架安装

祥云公司添加了一批新的设备，需要将这些设备上架到相应楼层的相应位置。

按要求做好上架前的准备工作，先准备好相应的设备和上架工具，确定好上架设备的各种信息，然后将设备上架安装，最后做好网络设备的标识工作。

- 了解网络设备上架前的准备工作。

- 掌握网络设备上架的各种信息标注规划。
- 掌握网络设备上架规划。
- 了解设备上架流程。
- 掌握设备上架时要注意的事项。
- 完成任务的同时培养学生的动手操作能力。

设备信息记录：记录电子设备的各类信息，包括设备采购时间、设备采购人、设备供应商、设备资产编号、设备型号和配置等。

设备维护管理：包括设备标记、设备类型、设备序列号（SN）、设备用途、设备安装位置、设备经办人、设备IP地址和管理方法等。

在设备出现故障，查找设备的用途或者其他方面有疑问的时候快速定位设备。

（一）设备上架前的准备工作（见图0-3-1）

图0-3-1　设备上架前的准备工作

1. 上架工具准备（见图0-3-2）

图0-3-2　冲击钻、十字螺丝刀、螺钉及嵌入式螺母

2. 上架步骤

1）将设备凸耳用十字螺丝刀及十字螺钉装到网络设备中。

2）将螺母嵌入机架螺钉孔中，然后一只手托住设备，另一只手先将螺钉轻微拧紧，等4个螺钉都装上去后用冲击钻将螺钉拧紧，如图0-3-3所示。

注意事项：

1）设备与设备之间至少相隔$\frac{1}{2}$U⊖，用于设备自身散热。

2）查看机架的接地与稳定性。

⊖ U的全称为unit，是一种用于描述服务器外部尺寸的国际标准单位1U=44.45mm。通过规定服务器的尺寸，机柜能以统一的格子来安置，方便服务器的安装和管理。

3）采用满足机架安装尺寸要求的盘头螺钉。

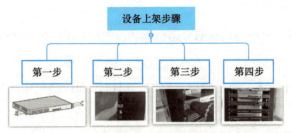

图0-3-3 设备上架步骤

（二）确定上架设备信息

1. 确认上架设备的类型和型号

上架设备包括路由器、服务器、存储设备、控制设备等，如图0-3-4所示。

2. 确定上架设备的配置和数量

图0-3-4 上架设备

不同型号的设备的大小不同，例如，占用机柜的U位不同，有1U、2U、4U等不同的服务器。其他硬件设备也一样，设备的重量、耗电量都不相同。

（三）确认机柜信息

1. 自建机房（见图0-3-5）

1）机房总电力配额。所有机柜使用的电力不能超过总开关配额。

2）确认机柜电力配额。确认单个机柜可使用的电力配额。

3）确认机柜大小（U位）信息。

2. 互联网数据中心（IDC）机房

1）确认机柜电力配额。

2）确认机柜大小。

3. 常用网络设备（见图0-3-6）

图0-3-5 自建机房

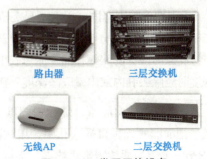

图0-3-6 常用网络设备

（1）路由器　路由器是一种多端口设备，也可以作为网关，它可以连接局域网和广域网，可以采用不同的网络协议。

（2）三层交换机　它是指具有部分路由器功能的交换机，能够加快大型局域网内部的数据交换速度。

（3）二层交换机　它工作在数据链路层，可以识别数据包中的MAC地址信息，根据MAC地址进行转发。

（4）无线AP　主要有路由交换接入一体设备和纯接入点设备。

（四）机柜安装

1. 测量相邻机柜的垂直度

在安装之前有必要对相邻机柜的垂直度进行测量，以便顺利安装机柜。如果相邻机柜不垂直，建议做如下处理：

1）机柜倾斜度不是特别大时，为方便施工，报请客户代表同意将此机柜重做一次水平处理，但要注意网络安全。

2）误差太大时，上报现场监理及客户代表协商，确定是否靠紧固定本期机柜或者把本期机柜按规范水平加固。

2. 对机柜进行定位

从上走线架用吊线锤在机柜前边定位，选择走线架合适的2或3个位置对应在地面上画出2或3个点，再用记号笔画出一条直线。这边固定好之后，把机柜推过来侧面靠紧相邻机柜，机柜底部前沿跟画出的线对齐，注意，华为机柜OSN3500正面上下沿是中间凸出的，所以在对齐机柜时应以凸出面为参照点，否则机柜安装后会出现大概5mm的误差。用橡胶锤轻敲机柜的前后左右面让其与相邻机柜紧靠（严禁使用铁锤等金属物品直接敲打机柜，需要用力敲打时应在机柜受力点添加木板）。

3. 对地打孔及安装膨胀螺栓

在机房指定位置用电源插线板引电源至安装机柜的位置附近。在画好机柜孔的地面用冲击钻打孔。华为传输机柜一般都带有膨胀螺栓，根据所配膨胀螺栓选择钻头直径为16mm。

1）因地面特别坚固、平滑不易定位，先用样冲在孔位上錾一个凹坑帮助钻头定位。使用冲击钻打孔时要保证与地面垂直，双手紧握钻柄把握好方向，不要摇晃，以免破坏地面使孔倾斜。打孔深度应为膨胀螺栓的膨胀管长度加上轴头长度，用螺钉旋具测量打孔深度，在测量孔的深度时应除去孔内灰尘量取净深度，在打孔过程中用吸尘器吸净灰尘。

2）膨胀螺栓由胀管、螺栓、螺母、弹簧垫圈、平垫圈、绝缘垫组成。安装膨胀螺栓的时候，把膨胀螺栓垂直插入孔中，用铁锤敲打膨胀螺栓，建议敲打膨胀螺栓的铜套管离地面2～3mm（因为要放置绝缘垫板，为保证在安装机柜时不让绝缘垫板滑动，所以建议用此方法），然后用扳手紧固螺母，拉爆膨胀螺栓，然后取下螺母、弹簧垫圈、平垫圈。

3）置绝缘垫板于钻孔上对齐孔位，用吸尘器吸干净机柜附近的灰尘。

4．安装机柜

1）将机柜移至绝缘垫板上，使机柜下围框正对绝缘板上孔位和地面的钻孔，以保证下孔位膨胀螺栓的顺利安装。

2）将绝缘套、平垫圈、弹簧垫圈、螺母按顺序装入膨胀螺栓。紧固螺母应交叉安装，以减少螺栓与机柜间的静力。在机柜安装过程中可在机柜底部增加U形垫片调整机柜水平。机柜安装看似一个简单的工作，但在实际中安装一个机柜可能要半小时，也可能花三四个小时。

5．机柜安装中的常见问题

1）打完孔后跟机架固定孔不对应。这种问题是经常遇到的，大部分都是人为造成的，可能是打孔时钻头倾斜、定位不准等。

解决办法：

① 在打孔后先不要安装膨胀螺栓，把机柜推到位看看各个固定孔是否对应，如果不对应则修理不正的孔，孔太大时可以用木屑等东西填塞。

② 把机柜放倒用电锤配套打铁钻头进行扩孔，把机柜的固定孔扩大成椭圆形，在加固时用平垫圈盖住扩孔以免影响美观、整洁。

2）机柜调整不垂直。在机柜安装好测量垂直度时，误差总是太大，此种情况可分以下情况考虑纠正：

① 看看在安装之前对相邻机柜的测量，解决办法与测量相邻机柜的垂直度相同。

② 由机柜本身的问题造成。机柜可能在出厂及搬运装箱时已经有些扭曲变形，此种情况建议调整机柜到大概水平为止，在加固时进行误差纠正。

6．测量机柜

1）机柜安装要求排列整齐，垂直度误差不超过机架高度的1%，机柜面平直，每米偏差不大于3mm，全列偏差不大于15mm；机架高低应尽量平齐，两机架间无明显缝隙，带门机架留缝隙不宜超过3mm。机柜误差太大的情况下，请参照机柜安装的处理方法进行处理。

2）机柜安装完毕后，需测量机柜与地面的绝缘情况，调万用表至电阻档，用万用表的两个测量头分别与机柜和膨胀螺栓接触测量其间电阻。若测量结果是断路状态，则机柜与地面的绝缘达到要求。

7．加固机柜

安装的机柜需要装上加固件，机架上的加固件宜采用L铁连接方式，一般每个机架至少安装2个L铁。L铁与设备用螺栓螺母直接紧固，L铁与上梁用夹板连接（铝合金上梁采用滑槽内置型或菱形螺母），机架之间装有连接板时，相邻机架可共用一个L铁。L铁水平面的长不应露出机架前后面板，垂直面高出上梁上沿不应大于5mm，安装完毕后L铁应横平竖直。在紧固加固件之前要再次对机柜的垂直度进行测量，误差越小越好。华为机架加固时需在L铁与机柜之间加绝缘板。用机架上部的平板连接件与相邻机柜互连起来。

8. 安装托盘

根据设备的不同，选用合适的安装托盘。

9. 机柜空间

类型不同、型号不同，不同配置的硬件设备占用的空间也不同，应根据设备选择合适的空间。

10. 预估机柜

根据设备型号、配置和数量，预估计算每个机柜能安装多少台物理设备，大概算出需要多少个机柜，并要求给每个机柜预留出一定的空U位，供应急增加设备使用。

服务器耗电和发热，满配的服务器比非满配的设备要高。设备占用的机柜U位如图0-3-7所示。

图0-3-7　机柜U位

（五）网络设备标识规范（见表0-3-1）

表0-3-1　网络设备标识规范

分段	1	2	3	4
解释	机房编号	设备机柜编号	设备功能区域及型号	设备功能及编号
字段位数	4位	不定长	不定长	不定长
实例	YZ01	A0405	CORE12516	Spine01

1. 标识作用

标识主要用于标识网络设备所在位置及功能型号。

2. 标识说明

标识规范中一般分为4个部分，即4个主要元素，分段之间用"-"进行分隔。

1）机房编号，标识设备所在机房。

2）设备机柜编号，标识设备所在机柜。

3）设备功能区域及型号，标识设备功能区域及设备型号。

4)设备功能及编号,标识设备功能及编号。

3. 举例

核心交换机(S12516)所在位置为YZ01机房的A0405机柜,作用是起到整个SDN网络的Spine功能,其标识如图0-3-8所示。

YZ01-A0405-CORE12516-Spine01

图0-3-8 标识举例

4. 其他网络设备标识

1)非堆叠网络设备标识:IDC-PG-SW10。

2)堆叠网络设备标识:IDC-PG-SW10-A、IDC-PG-SW10-B。

3)服务器标识:192.168.10.11。

注意事项:

1)电子设备标记原则:唯一、易记、易懂。

2)标记的作用:为硬件管理人员方便维护、查找设备。

3)机房名称+IP地址标记或IP地址标记。

4)选制作标识材料时,建议按照"永久标识"的概念选择材料,标签的寿命应能与布线系统的设计寿命相对应。

5)标签应打印,不允许手工填写,应清晰可见、易读取。特别强调的是,标识应能够经受环境的考验,比如潮湿、高温、紫外线,应该具有与所标识的设施相同或更长的使用寿命。聚酯或聚烯烃等材料通常是最佳的选择。

(六)设备安装的其他要求

1)设备标签要统一粘贴在设备正上方的位置,如图0-3-9所示。

2)理线架要求如图0-3-10所示。理线架可安装于机架的前端,提供配线或设备用跳线的水平方向线缆管理;理线架安装时要根据线缆走向,顺其自然地进行理线,形成易维护的系统。

图0-3-9 设备标签　　　　　图0-3-10 理线架要求

小结

通过本节内容可以了解网络设备上架的基本步骤，了解机柜安装要注意的事项，了解网络设备标识规范以及设备安装过程中要注意的相关事项。

评价

请根据实际情况填写表0-3-2。

表0-3-2 评价表

评价内容	评价目的	标准		方式	学生自评	教师评价
说出设备上架的基本步骤	检查掌握知识和技能的程度	正确（2分）	错误（0分）	满分为10分，根据完成情况评分		
说出设备上架之前的准备工作		正确（2分）	错误（0分）			
简单说出网络设备标识规范		完成（3分）	未完成（0分）			
个人表现	评价参与学习的态度与能力，团队合作的情况等	3分				
合计						

注：合计=学生自评占比40%+教师评价占比60%。

知识小测

单项选择题

1. 综合布线系统的拓扑结构一般为（ ）。

   A．总线型　　　B．星形　　　C．树形　　　D．环形

2. 下列（ ）设备可以隔离地址解析协议（ARP）广播帧。

   A．路由器　　　B．网桥　　　C．以太网交换机　　　D．集线器

3. 连接各建筑物之间的传输介质和各类支持设备（硬件）组成一个（ ）综合布线系统。

   A．垂直干线　　　B．水平　　　C．总线间　　　D．建筑群

4. 综合布线系统的工作区，如果使用4对非屏蔽双绞线电缆作为传输介质，则信息插座与计算机终端设备的距离一般应保持在（ ）m以内。

   A．100　　　B．5　　　C．90　　　D．2

四、TCP/IP模型

系统集成公司承接了祥云公司的网络改造项目，互联网中常用的具有代表性的协议有传输控制协议/互联网协议（Transmission Control Protocol/Internet Protocol，TCP/IP），首先需要对TCP/IP进行理论学习，对TCP/IP模型、TCP/IP分层、TCP/IP参考模型各层的功能进行了解。

学习目标

- 了解TCP/IP。
- 掌握TCP/IP分层。
- 掌握TCP/IP每层的功能及应用的协议。
- 通过学习培养学生分析问题和解决问题的能力。

（一）TCP/IP模型

TCP/IP模型包含了一系列构成互联网基础的网络协议，是互联网的核心协议。

基于TCP/IP的参考模型将协议分成四个层次，分别是网络接口层、网络层、传输层和应用层。OSI（开放系统互联）模型与TCP/IP模型各层的对照关系如图0-4-1所示。

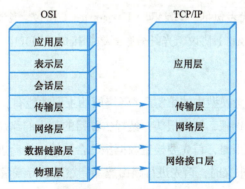

图0-4-1 OSI模型与TCP/IP模型各层的对照关系

（二）TCP/IP分层

TCP/IP共分为四层：网络接口层、网络层、传输层和应用层，如图0-4-2所示。每层通过协议完成各自特定的功能，遵循上层依赖下层提供服务的规律。

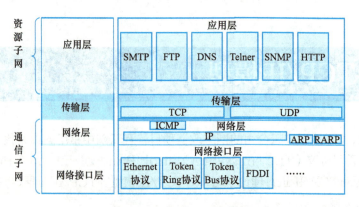

图0-4-2 TCP/IP参考模型

TCP/IP按照层次由上到下，层层包装，第1层是应用层，这里面还有HTTP（超文本传输协议）、FTP（文本传输协议）等协议，而第2层则是传输层，著名的TCP和UDP（用户数据报协议）就在这层，第3层是网络层，IP就在这层，它负责为数据加上IP地址和其他的数据以确定传输的目标，第4层是网络接口层，这层为待传送的数据加入一个以太网协议头，并进行CRC（循环冗余校验）编码，为最后的数据传输做准备。

（三）TCP/IP参考模型各层的功能

1．网络接口层

网络接口层的功能包括IP地址与物理地址的映射，以及将IP地址封装成帧。基于不同类型的网络接口，本层定义了与物理介质的连接。网络接口层包括了数据链路层的地址，因为可以看到源MAC和目标MAC。它是TCP/IP的最底层，负责接收从网络层传来的IP数据报，并且将IP数据报通过底层物理网络发出去，或者从底层的物理网络上接收物理帧，解封装IP数据报，交给网络层处理。

网络接口层协议的代表包括：以太网（Ethernet）协议、令牌环（Token Ring）协议、令牌总线（Token Bus）协议、光纤分布式数据接口（FDDI）等。

2．网络层

网络层是TCP/IP参考模型中的第3层。网络层的主要功能有：处理来自传输层的分组发送请求，将分组装入IP数据报，填充报头，选择去往目的节点的路径，然后将数据报发送至适当的端口。处理输入数据报时，首先要检查数据报的合法性，然后进行路由选择；处理互联网控制报文协议（ICMP）报文时，首先进行路由选择，然后进行流量控制和拥塞控制。

网络层协议的代表包括：互联网协议（Internet Protocol，IP）、互联网控制报文协议（Internet Control Message Protocol，ICMP）、地址解析协议（Address Resolution Protocol，ARP）、反向地址解析协议（Reverse Address Resolution Protocol，RARP）等。

3. 传输层

传输层是TCP/IP参考模型中的第2层。传输层的主要功能是实现分布式进程之间的通信。利用网络层提供的服务，在源主机的应用进程与目的主机的应用进程间建立"端–端"连接。

传输层协议的代表包括：传输控制协议（Transmission Control Protocol，TCP）、用户数据报协议（User Datagram Protocol，UDP）。

4. 应用层

应用层是TCP/IP参考模型中的第1层。应用层负责向用户提供一组常用的应用程序，如电子邮件、远程登录、文件传输等。

应用层协议一般可以分为3类：一类是依赖于面向转接的TCP，如文件传输协议、电子邮件协议等；一类是依赖于无转接的UDP，如简单网络管理协议；还有一类则既依赖于TCP，又依赖于UDP，如域名系统协议。

应用层协议的代表包括：域名解析协议（DNS）、文件传输协议（FTP）、远程终端协议（Telnet）、超文本传送协议（HTTP）、电子邮件协议（SMTP）、邮件读取协议（POP3）、简单网络管理协议（SNMP）等。

小结

通过本节内容学习了解了TCP/IP分层、各个层的功能以及每个层所对应的服务。

评价

请根据实际情况填写表0-4-1。

表0-4-1 评价表

评价内容	评价目的	标准		方式	学生自评	教师评价
说出TCP/IP模型	检查掌握知识和技能的程度	正确（2分）	错误（0分）	满分为10分，根据完成情况评分		
说出TCP/IP参考模型		正确（2分）	错误（0分）			
说出OSI模型与TCP/IP模型的对照关系		完成（3分）	未完成（0分）			
个人表现	评价参与学习的态度与能力，团队合作的情况等	3分				
合 计						

注：合计=学生自评占比40%+教师评价占比60%。

知识小测

单项选择题

1. 应用层是TCP/IP参考模型中的第（　　）层。

    A．1　　　　　B．2　　　　　C．3　　　　　D．4

2. 下面哪个协议代表传输层协议（　　）。

    A．超文本传送协议（HTTP）

    B．电子邮件协议（SMTP）

    C．邮件读取协议（POP3）

    D．传输控制协议（TCP）

3. 下面哪个协议不属于应用层代表协议（　　）。

    A．域名解析协议（DNS）

    B．用户数据报协议（UDP）

    C．远程终端协议（Telnet）

    D．超文本传送协议（HTTP）

五、IP报文格式

　　主机在传输数据之前要进行封装，在网络层封装的就是IP报文头，下面就一起看看IP报文头究竟包含哪些信息，学习IP报文的组成，以及各个字段的作用。通过学习本节内容，理解IP、数据封装和IP报文等知识。

学习目标

- 了解IP的概念。
- 掌握IP报文的组成。
- 掌握IP报文数据的分析过程。
- 培养学生的自学能力。

　　如今计算机网络的构建非常容易，而在20世纪80年代，实现网络互联却并不简单。计算机网络非常复杂，涉及非常多的组成部分，如主机（Host）、路由器（Router）、链路（Link）、应用（Application）、协议（Protocol）等。在计算机网络发展初期，许多公司和机构都推出了自己的网络系统方案，如IBM公司的SNA，NOVELL的IPX/SPX，DEC公司的DECNET等，同时各个厂商针对不同的方案设计出了不同的网络硬件和软件。这些硬件之间由于没有统一的标准和协议，根本无法实现互联。为了解决网络之间的兼容问题，国际标准化组织（ISO）于1984年提出了开放系统互连（OSI）参考模型，它很快就成为计算机网络的基础模型。

1．IP

IP有版本之分，分别是IPv4和IPv6。

IPv4（Internet Protocol Version 4）是TCP/IP中最为核心的协议族。它工作在TCP/IP协议栈的网络层，该层与OSI参考模型的网络层相对应。

IPv6（Internet Protocol Version 6）是网络层协议的第二代标准协议，也被称为IPNG（IP Next Generation）。它是互联网工程任务组（Internet Engineering Task Force，IETF）设计的一套规范，是IPv4的升级版本。IPv4与IPv6对照如图0-5-1所示。

作用	版本
·为网络层的设备提供逻辑地址 ·负责数据包的寻址和转发	·IPv4（IP Version 4） ·IPv6（IP Version 6）

图0-5-1　IPv4与IPv6对照

2．数据封装

应用数据需要经过TCP/IP每一层处理之后才能通过网络传输到目的端，每一层上都使用该层的协议数据单元（Protocol Data Unit，PDU）彼此交换信息。不同层的PDU中包含有不同的信息，因此PDU在不同层被赋予了不同的名称，如图0-5-2所示。

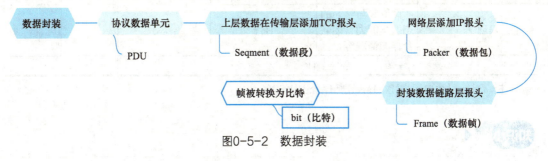

图0-5-2　数据封装

3．IPv4报文

IP报文由首部（称为报头）和数据部分组成，如图0-5-3所示。首部的前一部分是固定长度，共20B，是所有IP数据报必须具有的。在首部固定部分的后面是一些可选字段，其长度是可变的。

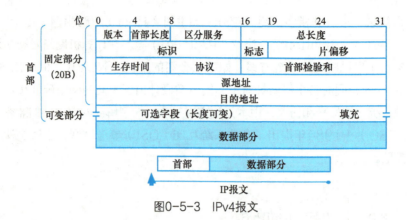

图0-5-3　IPv4报文

小结

通过本节内容学习了解什么是IP，了解数据封装的具体过程，了解IPv4报文由哪些部分组成。通过对IP报文格式的学习，学生了解了网络基础知识学习的重要性以及复杂性。

评价

请根据实际情况填写表0-5-1。

表0-5-1　评价表

评价内容	评价目的	标准		方式	学生自评	教师评价
说说什么是IP	检查掌握知识和技能的程度	正确（2分）	错误（0分）	任务满分为10分，根据完成情况评分		
说出数据封装过程		正确（2分）	错误（0分）			
说出IP报文的组成		完成（3分）	未完成（0分）			
个人表现	评价参与学习的态度与能力，团队合作的情况等	3分				
合　　计						

注：合计=学生自评占比40%+教师评价占比60%。

知识小测

单项选择题

1. 下列（　　）是应用层。

　　A．IP　　　　　B．UDP　　　　　C．TCP　　　　　D．Telnet

2．IP对应于OSI 7层模型中的第（　　）层。

　　A．5　　　　　　B．3　　　　　　C．2　　　　　　D．1

3．数据封装的过程是（　　）。

　　A．数据段→数据包→数据帧→数据流→数据

　　B．数据流→数据段→数据包→数据帧→数据

　　C．数据→数据包→数据段→数据帧→数据流

　　D．数据→数据段→数据包→数据帧→数据流

六、ICMP

ICMP属于网络层协议，主要用于在主机与路由器之间传递控制信息，包括报告错误、交换受限控制和状态信息等。当遇到IP数据无法访问目标、IP路由器无法按当前的传输速率转发数据包等情况时，会自动发送ICMP消息。ICMP是TCP/IP模型中网络层的重要成员，与IP、ARP、RARP及IGMP（互联网组管理协议）共同构成TCP/IP模型中的网络层。

ICMP是一种面向无线连接的协议，它是TCP/IP的一个子协议，用于在IP主机、路由器之间传递控制消息。控制消息是指网络通不通、主机是否可达、路由是否可用等网络本身的消息，这些控制消息虽然不传输用户数据，但是对于用户数据的传递和网络安全具有极其重要的意义。

学习目标

- 描述ICMP的应用场景。
- 理解常见的ICMP报文类型。
- 掌握PING和Traceroute的应用。

ICMP用来在网络设备间传递各种差错和控制信息，对收集各种网络信息、诊断和排除各种网络故障等方面起着至关重要的作用。使用基于ICMP的应用时，需要对ICMP的工作原理非常熟悉。

（一）ICMP介绍

1．ICMP简介

IETF在1981年将RFC792作为ICMP的基本规格进行了整理。RFC792的开头指出

ICMP是IP不可缺少的部分，所有的IP软件必须实现ICMP如图0-6-1所示。ICMP是为了分担IP的一部分功能而被制定出来的。

图0-6-1　ICMP简介

2. ICMP报文（见图0-6-2）

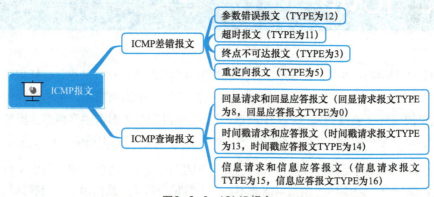

图0-6-2　ICMP报文

3. 不应发送ICMP差错报文的情况（见图0-6-3）

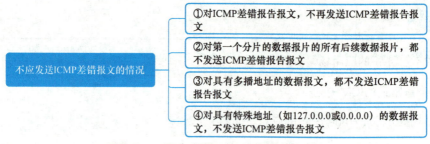

图0-6-3　不应发送ICMP差错报文的情况

（二）ICMP重定向

ICMP重定向信息是路由器向主机提供实时的路由信息，当一个主机收到ICMP重定向信息时，它就会根据这个信息来更新自己的路由表。由于缺乏必要的合法性检查，如果一个渗透测试人员想要被攻击的主机修改它的路由表，渗透测试人员就会发送ICMP重定向信息给被攻击的主机，让该主机按照测试人员的要求来修改路由表，如图0-6-4所示。

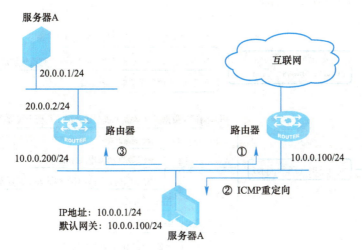

图0-6-4 ICMP重定向

ICMP重定向的作用是解决了次优路径。

ICMP报文格式如图0-6-5所示。其中，Type表示ICMP消息类型，Code表示同一消息类型中的不同信息。

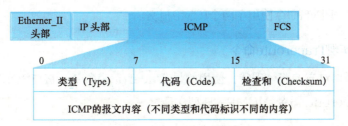

图0-6-5 ICMP报文格式

ICMP消息类型和编码类型见表0-6-1。

表0-6-1 ICMP消息类型和编码类型

消息类型	编码类型	描述
0	0	回显应答（Echo Reply）
3	0	网络不可达
3	1	主机不可达
3	2	协议不可达
3	3	端口不可达
5	0	重定向
8	0	回显请求（Echo Request）

ICMP的应用如图0-6-6所示。

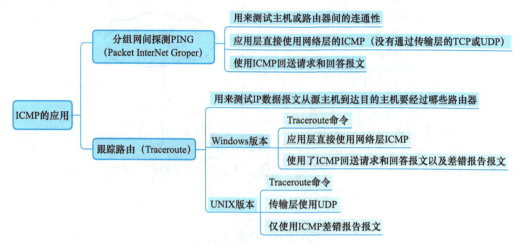

图0-6-6　ICMP的应用

1. ICMP实现PING命令

PING命令用来在IP层次上调查与指定机器是否连通，调查数据包往复需要多少时间。为了实现这个功能，PING命令使用了两个ICMP报文。

2. ICMP实现Traceroute命令

为了查到通信对方的路径现状，使用的是Traceroute命令。它与PING命令并列，代表网络命令。Traceroute命令是ICMP的典型实现之一。

3. ICMP实现端口扫描

所谓的端口扫描就是检查服务器不需要的端口是否开着。服务器管理者用来检查有没有安全漏洞。不像PING和Traceroute那样是操作系统自带的工具，ICMP需要利用网络工具才行。

通过本节内容的学习了解了ICMP，学习了ICMP重定向信息是如何更新路由表，以及渗透测试人员想要被攻击的主机修改它的路由表时，测试人员会发送ICMP重定向哪些信息，了解了ICMP数据报文的格式，知道了ICMP的应用。

请根据实际情况填写表0-6-2。

表0-6-2 评价表

评价内容	评价目的	标准		方式	学生自评	教师评价
说出什么是ICMP	检查掌握知识和技能的程度	正确（2分）	错误（0分）	满分为10分，根据完成情况评分		
说出ICMP的格式		正确（2分）	错误（0分）			
说说ICMP的主要应用		完成（3分）	未完成（0分）			
个人表现	评价参与学习的态度与能力，团队合作的情况等	3分				
合计						

注：合计=学生自评占比40%+教师评价占比60%。

知识小测

单项选择题

1．对ICMP的描述错误的是（   ）。

　　A．ICMP封装在IP数据报文的数据部分　B．ICMP消息的传输是可靠的

　　C．ICMP是IP必须的一个部分　　　　　D．ICMP可用来进行拥塞控制

2．对ICMP的功能，说法错误的是（   ）。

　　A．差错纠正　　　　　　　　　B．可探测某些网络节点的可达性

　　C．报告某种类型的差错　　　　D．可用于拥塞控制和路由控制

3．在TCP/IP体系结构中，直接为ICMP提供服务协议的是（   ）。

　　A．PPP　　　　　B．IP　　　　　C．TCP　　　　　D．UDP

七、ARP

　　ARP（地址解析协议）工作在OSI模型的数据链路层，在本层和硬件接口间进行联系，同时对上层（网络层）提供服务。IP数据包在局域网内部传输时并不是靠IP地址而是靠MAC地址来识别目标的。ARP用于根据目的IP地址来解析MAC地址，进行二层通信。如果目的IP和本机IP属于同一网段，则ARP请求查询的就是目的IP的MAC地址。如果目的IP和本机IP不属

于同一网段，当本机存在到达目的IP的路由时，则ARP请求查询的就是该路由下一跳的MAC地址；如果没有明细路由，就请求查询默认路由下一跳（也就是网关）的MAC地址。

通过在位于同一网段和不同网段的主机之间执行PING命令，截获报文，分析ARP的报文结构，并分析ARP在同一网段内和不同网段间的解析过程。

学习目标

- 了解ARP的应用场景。
- 掌握ARP的作用。
- 了解ARP的工作原理。

（一）ARP的应用场景

OSI参考模型分为七层，每层之间不直接打交道，只通过接口进行通信。IP地址在第三层，MAC地址在第二层。当协议发送数据包时，首先要封装第三层（IP地址）和第二层（MAC地址）的报头，但协议只知道目的节点的IP地址，不知道其物理地址，又不能跨第二、三层，所以需要ARP来解析对端的MAC地址。

（二）ARP简介

1. 什么是ARP

ARP最简单的说法就是：在IP以太网中，当一个上层协议要发数据包时，有了该节点的IP地址，ARP就能提供该节点的MAC地址。

ARP有两种报文，一种是ARP请求（Request）报文，另一种是ARP应答（Reply）报文。通过这一问一答，双方互相学习了对端的MAC地址。

2. ARP的作用

ARP是解决同一局域网上的主机或路由器的IP地址和硬件地址的映射问题。ARP解决这个问题的方法：在主机ARP高速缓存中存放一个从IP地址到硬件地址的映射表。

注意事项：

ARP是解决同一个局域网上的主机或者路由器的IP地址和硬件地址的映射问题。ARP请求是通过广播传送的，而ARP应答是通过单播传送的。

（三）ARP的工作原理

1. ARP自动解析目的IP地址所对应的MAC地址

1）当李四的PC不知道张三的PC的MAC地址时，就会发出ARP请求报文来询问张三的PC的MAC地址。

2）张三收到这个请求之后，就会发送ARP应答报文，将自己的MAC地址告诉对方，如

图0-7-1所示。

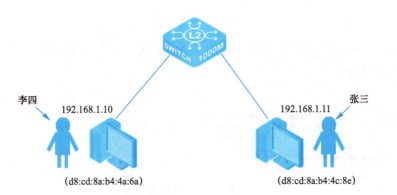

图0-7-1　ARP的工作原理

2. ARP请求报文

1）ARP为数据链路层协议，是一个二层报文，因此没有IP头部及以上的信息。

2）由于不知道目的PC的MAC地址，因此ARP请求报文的目的地址为全域的广播MAC地址，如图0-7-2所示。

```
> Frame 778: 42 bytes on wire (336 bits), 42 bytes captured (336 bits) on interface \Device\NPF_{CB163890-ED9A-4839-A5F7-BAF325E94AC0}, id 0
> Ethernet II, Src: Micro-St_b4:4a:6a (d8:cb:8a:b4:4a:6a), Dst: Micro-St_b4:4c:8e (d8:cb:8a:b4:4c:8e)
v Address Resolution Protocol (reply)
    Hardware type: Ethernet (1)
    Protocol type: IPv4 (0x0800)
    Hardware size: 6
    Protocol size: 4
    Opcode: reply (2)
    Sender MAC address: Micro-St_b4:4a:6a (d8:cb:8a:b4:4a:6a)   李四（请求方）的MAC地址
    Sender IP address: 192.168.1.10                              李四（请求方）的IP地址
    Target MAC address: Micro-St_b4:4c:8e (d8:cb:8a:b4:4c:8e)   张三（被请求方）的MAC地址
    Target IP address: 192.168.1.11                              李四（被请求方）的IP地址
```

图0-7-2　ARP请求报文

3. ARP应答报文

1）ARP应答报文以单播形式发送。

2）被请求目的MAC地址的PC会根据ARP请求报文生成关于查询者的ARP缓存，如图0-7-3所示。

```
> Frame 777: 60 bytes on wire (480 bits), 60 bytes captured (480 bits) on interface \Device\NPF_{CB163890-ED9A-4839-A5F7-BAF325E94AC0}, id 0
> Ethernet II, Src: Micro-St_b4:4c:8e (d8:cb:8a:b4:4c:8e), Dst: Micro-St_b4:4a:6a (d8:cb:8a:b4:4a:6a)
v Address Resolution Protocol (request)
    Hardware type: Ethernet (1)
    Protocol type: IPv4 (0x0800)
    Hardware size: 6
    Protocol size: 4
    Opcode: request (1)
    Sender MAC address: Micro-St_b4:4c:8e (d8:cb:8a:b4:4c:8e)   张三（被请求方）的MAC地址
    Sender IP address: 192.168.1.11                              张三（被请求方）的IP地址
    Target MAC address: Micro-St_b4:4a:6a (d8:cb:8a:b4:4a:6a)   李四（请求方）的MAC地址
    Target IP address: 192.168.1.10                              李四（请求方）的IP地址
```

图0-7-3　ARP应答报文

小结

通过本节内容的学习对ARP有了一定的了解，了解了ARP的应用场景，了解了ARP如何请求报文和应答报文。

评价

请根据实际情况填写表0-7-1。

表0-7-1 评价表

评价内容	评价目的	标准		方式	学生自评	教师评价
说出什么是ARP	检查掌握知识和技能的程度	正确（2分）	错误（0分）	满分为10分，根据完成情况评分		
说出ARP的应用场景		正确（2分）	错误（0分）			
说说ARP的几种报文		完成（3分）	未完成（0分）			
个人表现	评价参与学习的态度与能力，团队合作的情况等	3分				
合计						

注：合计=学生自评占比40%+教师评价占比60%。

知识小测

单项选择题

1. ARP用来（　　）。

   A．寻找目的域名的IP地址　　B．将IP地址映射为物理地址

   C．将IP地址映射为其对应的网络名字　D．将物理地址映射到IP地址

2. ARP用于解析（　　）。

   A．本机的物理地址　　B．本机的IP地址

   C．对方的物理地址　　D．对方的IP地址

3. ARP的作用是（　　）。

   A．将端口号映射到IP地址　　B．连接IP层和TCP层

   C．广播IP地址　　D．将IP地址映射到第二层地址

Unit 1

单元 1
配置交换机

单元概述

本单元主要介绍在现代企业中广泛应用的交换机通用的设备配置方法及常用的交换技术、理念。除基本的交换机基础配置、生成树、VLAN配置之外，网络管理人员还需理解并掌握一些更贴近实际需求的应用技术，如交换机端口镜像、端口隔离、环路检测等。通过本单元的学习，可以掌握交换机的带外管理、交换机的远程管理、解决enable密码丢失的方法、VLAN的配置知识。

任务1 规划IP地址

任务情景

某系统集成公司承接了祥云公司的网络改造项目，首先需要对业务网络进行IP地址段划分工作。现公司有技术部50人、市场部25人、人事财务部20人，使用200.1.1.0/26网段。考虑到网络规模的扩展，需要尽量节约IP地址，计划使用可变长子网掩码（VLSM）地址划分方案。

学习目标

- 了解IP地址的理论知识。
- 掌握VLSM的计算方法。
- 通过IP地址的计算锻炼学生严谨认真的工作态度。

首先要对IP地址、掩码、子网等相关的概念有详细的了解，然后根据正确的子网划分方法来完成地址划分的任务。

1. IP地址概述

所有连入互联网的终端设备（包括计算机、打印机以及其他的电子设备）都有一个唯一的索引，这个索引被称为IP地址。现在互联网上的IP地址大多由4个字节组成，这种IP地址被称为IPv4。

除了由4个字节组成的IP地址外，在互联网上还存在另外一种IP地址，这种IP地址由16个字节组成，被称为IPv6。IPv4和IPv6后面的数字是IP的版本号。

2. IP地址划分

IPv4地址的一般表现形式为：X.X.X.X。其中X为0～255的整数，如图1-1-1所示。这4个整数之间用"."隔开。从理论上说，IPv4地址可以表示2的32次幂，也就是4 294 967 296个IP地址，但是需要排除一些具有特殊意义的IP地址（如0.0.0.0、127.0.0.1、224.0.0.1、255.255.255.255等），因此，IPv4地址可自由分配的IP地址数量要小于它所能表示的IP地址数量。

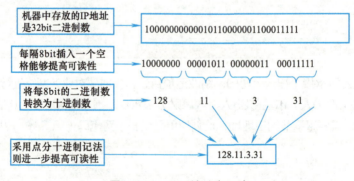

图1-1-1　IPv4地址表示法

IP地址根据网络号和主机号来分，分为A、B、C三类及特殊地址D、E。网络号表示IP地址属于互联网的哪一个网络，主机号表示其属于该网络中的哪一台主机，二者是主从关系。全0和全1的IP地址都保留不用，具体划分情况见表1-1-1和图1-1-2。

表1-1-1　IPv4地址划分

类型	地址范围	子网掩码	每个网络支持的最大主机数（台）
A类IP地址	0.0.0.0～127.255.255.255.	255.0.0.0	$256^3-2=16777214$
B类IP地址	128.0.0.0～191.255.255.255	255.255.0.0	$256^2-2=65534$
C类IP地址	192.0.0.0～223.255.255.255	255.255.255.0	$256-2=254$
D类IP地址	224.0.0.0～239.255.255.255	—	—
E类IP地址	240.0.0.0～255.255.255.254	—	—

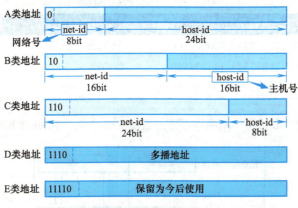

图1-1-2　IPv4地址划分表示

3．特殊地址

1）每一个字节都为0的IP地址（"0.0.0.0"）对应于当前主机。

2）IP地址中的每一个字节都为1的IP地址（"255.255.255.255"）是当前子网的广播地址。

3）IP地址中以"11110"开头的E类IP地址都保留用于将来和实验使用。

4）IP地址中不能以十进制"127"作为开头，该类地址中数字"127.0.0.1"到"127.255.255.255"用于回路测试，如"127.0.0.1"可以代表本机IP地址，用"http://127.0.0.1"就可以测试本机中配置的Web服务器。

4．私有地址（见图1-1-3）

私有地址		
地址类	起始地址	结束地址
A类地址	10.0.0.0	10.255.255.255
B类地址	172.16.0.0	172.31.255.255
C类地址	192.168.0.0	192.168.255.255

图1-1-3　私有地址

5. 子网掩码

（1）子网掩码的概念　子网掩码又叫作子网络遮罩，它是用来指明一个IP地址属于哪个子网，以及哪些位标识的是主机的位掩码。

子网掩码用于计算IP地址中的网络号和主机号的位数。

表示方法：32位二进制数字，在子网掩码中，对应于网络号部分用"1"表示，主机号部分用"0"表示，见表1-1-2。

表1-1-2　子网掩码表示方法

IP地址（二进制）	十进制	掩码位	主机位
11111111.11111111.11111111.00000000	255.255.255.0	24	8
11111111.11111111.11111111.11111100	255.255.255.252	30	2
11111111.00000000.00000000.00000000	255.0.0.0	8	24

（2）子网划分的核心思想　网络号不变，借用主机号来产生新的网络，如图1-1-4所示。

图1-1-4　子网划分的分析图

任务实施

第1步：确定要借几位作为子网号，设借n位。n为最短匹配的子网号。

可表示的子网个数$2^n \geq 3$。

1）每个子网可分配给主机的IP地址数$2^{8-n}-2 \geq 50$。

2）排除主机号全为0的网络地址。

3）排除主机号全为1的广播地址。

得出，$n=2$，即划分以后，子网号2bit，可表示4个子网，主机号6bit，每个子网可分配主机个数为62。

第2步：确定每个子网的子网掩码。

子网掩码为：24+2=26位。

二进制：　　11111111.11111111.11111111.11000000。

十进制：　　255.255.255.192。

第3步：确定子网的网络地址，见表1-1-3。

表1-1-3　网络地址

二进制	十进制
200.1.1.00000000/26	200.1.1.0/26
200.1.1.01000000/26	200.1.1.64/26
200.1.1.10000000/26	200.1.1.128/26
200.1.1.11000000/26	200.1.1.192/26

第4步：确定子网的广播地址，见表1-1-4。

表1-1-4　广播地址

二进制	十进制
200.1.1.00111111/26	200.1.1.63/26
200.1.1.01111111/26	200.1.1.127/26
200.1.1.10111111/26	200.1.1.191/26
200.1.1.11111111/26	200.1.1.255/26

第5步：确定子网的可用IP地址范围，见表1-1-5。

表1-1-5　子网可用IP地址范围

网络地址	广播地址	可用IP地址范围	部门
200.1.1.0/26	200.1.1.63/26	200.1.1.1～200.1.1.62/26	技术部50个
200.1.1.64/26	200.1.1.127/26	200.1.1.65～200.1.1.126/26	市场部25个
200.1.1.128/26	200.1.1.191/26	200.1.1.129～200.1.1.190/26	人事财务部20个
200.1.1.192/26	200.1.1.255/26	200.1.1.193～200.1.1.254/26	备用

交换机的IP地址：因为交换机所有以太网接口都默认为二层端口，进行二层转发。VLAN接口代表了某一个VLAN的三层接口功能，可以配置IP地址，该IP地址就是交换机的IP地址。

任务总结

通过本任务可以对IP地址的理论知识有大致的了解，清楚IP地址中的网络号和主机号分别代表什么，常见的IPv4的IP地址分类，以及具体的地址范围。通过实际案例学习并掌握可变长子网掩码（VLSM）的计算方法，锻炼学生严谨认真的工作态度。

任务评价

请根据实际情况填写表1-1-6。

表1-1-6 评价表

评价内容	评价目的	标准		方式	学生自评	教师评价
说出IP地址各分类的地址范围	检查掌握知识和技能的程度	正确（2分）	错误（0分）	任务满分为10分，根据完成情况评分		
说出子网掩码的作用		正确（2分）	错误（0分）			
在规定时间内完成可变长子网掩码的计算		完成（3分）	未完成（0分）			
个人表现	评价参与学习任务的态度与能力，团队合作的情况等	3分				
合计						

注：合计=学生自评占比40%+教师评价占比60%。

知识小测

单项选择题

1. IP地址219.25.23.56的默认子网掩码有（　　）位。

    A. 8　　　　B. 16　　　　C. 24　　　　D. 32

2. 一台IP地址为10.110.9.113/1的主机在启动时发出的广播IP地址是（　　）。

    A. 10.110.9.255　　　　B. 10.110.15.255

    C. 10.110.255.255　　　　D. 10.255.255.255

任务2 配置交换机IP地址

任务情景

某系统集成公司承接了祥云公司的网络改造项目，对业务网络进行IP地址段划分工作已经完成。开始交换机设备进场安装调试工作，现需要对交换机配置管理IP地址。

本任务网络拓扑如图1-2-1所示。

拓扑说明：交换机1台，PC1台，Console线1根，网线1根。

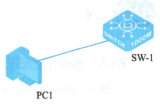

图1-2-1　网络拓扑

任务需求

1）手动配置交换机IP地址。

2）交换机与PC1互相连通。

3）网络地址规划见表1-2-1。

表1-2-1　VLAN1与PC1的网络地址规划

设备	IP地址	网络掩码
VLAN1	192.168.1.11	255.255.255.0
PC1	192.168.1.1	255.255.255.0

学习目标

- 掌握交换机配置IP地址的方法。
- 通过学习工作流程培养良好的职业习惯。

任务分析

作为网络管理人员，拿到一台交换机后首先需要检查交换机配置，恢复出厂设置。然后需要对交换机做基础设置，为交换机配置管理IP，通过管理IP来管理交换机和测试网络的连通性。

预备知识

默认情况下，VLAN1为交换机的默认VLAN，用户不能配置和删除VLAN1，交换机所有端口都属于VLAN1。因此通常把VLAN1作为交换机的管理VLAN，因此VLAN1接口的IP地址就是交换机的管理地址。

任务实施

第1步：基础环境配置。

1）给交换机恢复出厂设置。

```
SW1#set default
SW1#write
SW1#reload
```

2）给交换机设置IP地址，即管理IP。

```
SW1#config
```

① 进入vlan1的配置位置。

```
SW1（Config）#interface vlan 1
```

② 配置VLAN1的IP地址。

```
SW1（Config-If-Vlan1）#ip address 192.168.1.11 255.255.255.0
```

③ 开放端口。

```
SW1（Config-If-Vlan1）#no shutdown
```

④ 退出。

```
SW1（Config-If-Vlan1）#exit
SW1（Config）#exit
```

3）验证配置，查看已经配置IP地址的状态。

```
SW1（Config）#show ip interface brief
Index    Interface     IP-Address      Protocol
3001     Vlan1         192.168.1.11    up
9000     Loopback      127.0.0.1       up
```

第2步：验证与PC的IP是否能通信。

```
SW1#ping 192.168.1.1
```

```
Type ^c to abort.
Sending 5 56-byte ICMP Echos to 192.168.1.1, timeout is 2 seconds.
!!!!!
Success rate is 100 percent （5/5），round-trip min/avg/max = 0/0/0 ms
```

配置文档：

```
SW1（config）#show running-config
vlan 1
!
Interface Ethernet1/1         Ethernet1/1是本机的接口
!
interface Vlan1
ip address 192.168.1.11 255.255.255.0      已配置的ip地址
```

任务总结

通过学习本任务可以掌握如何给交换机配置IP地址，知道如何测试各个设备之间的连通性。培养良好的职业习惯。除此之外，明白在不做任何设置的情况下，只有在同一网段中的设备才能互通。Interface命令是用来进入VLAN或者接口和虚拟接口，在任何产品的设备中都是通用的。

任务评价

请根据实际情况填写表1-2-2。

表1-2-2 评价表

评价内容	评价目的	标准		方式	学生自评	教师评价
说出交换机的默认VLAN编号	检查掌握知识和技能的程度	正确（2分）	错误（0分）	任务满分为10分，根据完成情况评分		
使用命令恢复交换机出厂设置		正确（2分）	错误（0分）			
规定时间内，完成交换机IP地址配置并测试成功		完成（3分）	未完成（0分）			
个人表现	评价参与学习任务的态度与能力，团队合作的情况等	3分				
合　　计						

注：合计=学生自评占比40%+教师评价占比60%。

知识小测

单项选择题

1. 下面哪个IP地址不是私有地址（   ）。

   A. 10.0.0.1　　B. 172.16.0.1　　C. 192.168.0.1　　D. 193.168.1.1

2. 交换机默认VLAN是（   ）。

   A. VLAN 0　　　　　　　　B. 没有

   C. 首次创建的VLAN　　　　D. VLAN 1

任务3　配置交换机带外管理

任务情景

某系统集成公司承接了祥云公司的网络改造项目，添加了一批新的交换机，需要对交换机进行初始化设置。

本任务网络拓扑，如图1-3-1 所示。

拓扑说明：交换机1台、PC1台、Console线1根。

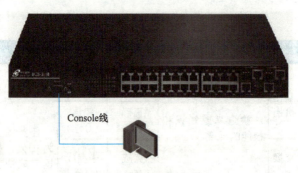

图1-3-1　网络拓扑

学习目标

➲ 熟悉交换机的外观。

● 理解交换机端口的名称和作用。
● 掌握交换机带外管理的方法。

任务分析

作为网络管理人员,拿到一台新的交换机后首先需要检查交换机的外观,查看并配置交换机。

预备知识

交换机的管理分为带内管理和带外管理两种方法。带内管理需要占用网络带宽,常见的带内管理方式有Telnet和Web管理。带外管理不占用带宽,常用带外管理方式为Console接口管理交换机。带外管理使用交换机专用的配置线缆,一边连接计算机的串口,另一边连接交换机的Console接口,可使用Windows自带的超级终端软件或者SecureCRT软件登录交换机进行管理。带外管理方式也是首次配置交换机的主要方式。

任务实施

第1步:认识交换机的端口,如图1-3-2所示。

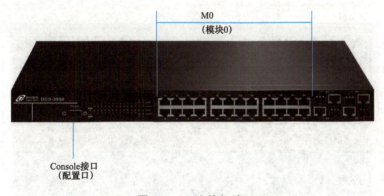

图1-3-2 交换机端口

1/0/1中的第一个1表示堆叠中的第一台交换机,0表示交换机上的第1个模块,最后的1表示当前模块上的第1个网络端口。

1/0/1表示堆叠中第一台交换机网络端口模块上的第一个网络端口。

第2步:连接Console线。

拔插Console线时注意保护交换机的Console接口和PC的串口,不要带电拔插。

第3步：使用超级终端软件登录交换机。

1）登录Windows系统，在开始菜单中找到附件中的超级终端软件，并将其打开。

2）输入新建连接的名称，单击"确定"按钮，如图1-3-3所示。

3）设置端口，如图1-3-4所示。

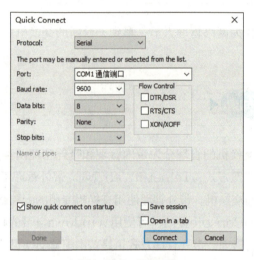

图1-3-3　输入连接名称　　　　　　图1-3-4　设置端口

4）在超级终端软件中按<Enter>键，看到如图1-3-5所示界面，表示已经进入了交换机。

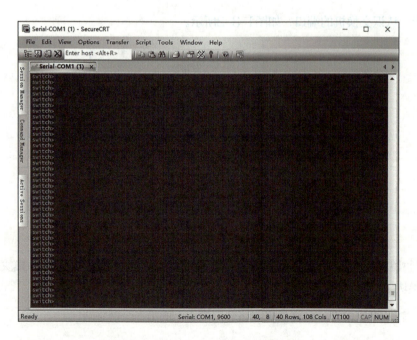

图1-3-5　进入交换机界面

5）成功登录交换机的配置界面后，就可以对交换机进行配置，如图1-3-6所示。

单元1
配置交换机

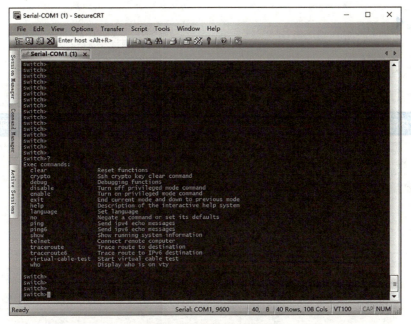

图1-3-6 交换机配置界面

6)使用show clock查看交换机的当前时间,如图1-3-7所示。

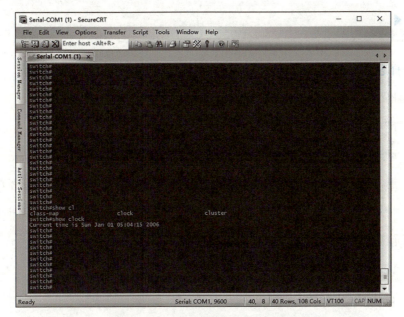

图1-3-7 查看交换机的当前时间

任务总结

通过本任务可以熟悉交换机各端口外观和名称,掌握如何使用Console线连接交换机的控制接口和PC的串口以及使用超级终端方式登录交换机的命令行界面。

任务评价

请根据实际情况填写表1-3-1。

表1-3-1 评价表

评价内容	评价目的	标准		方式	学生自评	教师评价
说出交换机的带外管理有哪几种	检查掌握知识和技能的程度	正确（2分）	错误（0分）	任务满分为10分，根据完成情况评分		
使用超级终端方式登录交换机		正确（2分）	错误（0分）			
查看交换机的当前时间		完成（3分）	未完成（0分）			
个人表现	评价参与学习任务的态度与能力，团队合作的情况等	3分				
合计						

注：合计=学生自评占比40%+教师评价占比60%。

知识小测

单项选择题

1. 下面说法错误的是（　　）。

    A. 所有交换机都有带外管理接口

    B. 通过Console接口管理是最常用的带外管理方式

    C. 通常用户会在首次配置交换机或者无法进行带内管理时使用带外管理方式

    D. 带外管理的时候，可以采用Windows操作系统自带的超级终端程序来连接交换机

2. 下面说法错误的是（　　）。

    A. Web管理是带内管理

    B. Telnet管理是带内管理

    C. Console配置管理是带内管理

    D. 采用带外管理，使网络管理带宽与业务完全隔离互不影响

3. 下面说法错误的是（　　）。

    A. 所谓的带内管理是指网络的管理控制信息与用户网络的承载业务信息通过同一个逻辑信道传输，也就是占用业务带宽

B．带外管理，网络的管理控制信息与用户承载业务信息在不同的逻辑信道，是交换机提供专门用于管理的带宽

C．现在的交换机一般都有带外管理接口，使网络管理带宽与业务完全隔离互不影响，构成单独的网管网络

D．Telnet是最常用的带外管理方式

任务4　交换机配置基础

任务情景

某公司引进了一批新的交换机，现需要对交换机进行基本配置，例如配置交换机的IP地址、配置交换机的VLAN、配置交换机的系统时间等。

本任务网络拓扑如图1-4-1所示。

拓扑说明：交换机1台、PC1台、Console线1根。

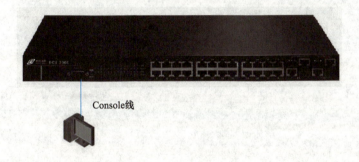

图1-4-1　网络拓扑

学习目标

- 理解交换机不同的配置模式的功能。
- 掌握交换机不同配置模式间的切换方式。

任务分析

通过任务，对交换机的基本配置有一个大致的了解，并且对于交换机的各个模式之间的

切换、交换机的工作原理也要有一定的认识。在配置过程中用到的命令也要相当熟悉。

预备知识

命令行界面（Command Line Interface，CLI）由一系列的配置命令组成，不同类别的命令对应着不同的配置模式。命令行界面是交换机调试界面中的主流界面。

任务实施

第1步：setup模式的配置方法。

交换机出厂第一次启动，进入"setup configuration"，用户可以选择进入setup模式或者跳过setup模式，如图1-4-2所示。

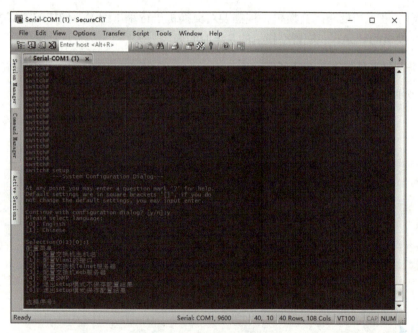

图1-4-2　setup模式

第2步：一般用户配置模式的配置方法。

开机直接进入普通用户模式，在该模式下只能查询交换机的一些基础信息，如版本号（show version）等，如图1-4-3所示。

第3步：特权用户配置模式的配置方法。

在一般用户配置模式下输入"enable"进入特权用户配置模式。特权用户配置模式的提示符为"#"。在该模式下可以查看交换机的配置信息和调试信息等，如图1-4-4所示。

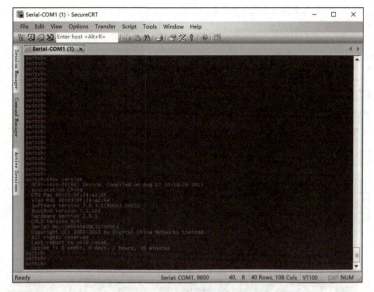

图1-4-3 交换机版本号

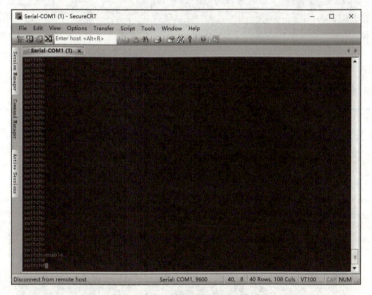

图1-4-4 特权用户配置模式

第4步：全局配置模式的配置方法。

在特权用户配置模式下输入"config terminal"就可以进入全局配置模式。

```
switch#config terminal
switch（Config）#
```

在全局配置模式，用户可以对交换机进行全局性的配置。

在全局配置模式下设置特权用户口令，如图1-4-5所示。

```
switch#config terminal
switch(config)#enable password 123456
switch(config)#
```

图1-4-5 全局配置模式

验证配置，如图1-4-6所示。

```
switch(config)#exit
switch#exit
switch>enable
Password:
switch#
```

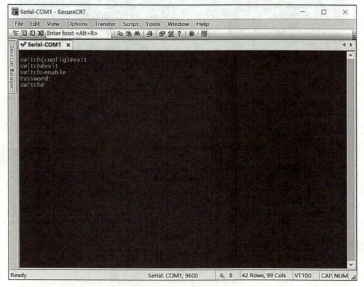

图1-4-6 验证配置

验证方法1，重新进入交换机，观察名称显示结果。

验证方法2，使用"show run"命令来查看运行状态，如图1-4-7所示。

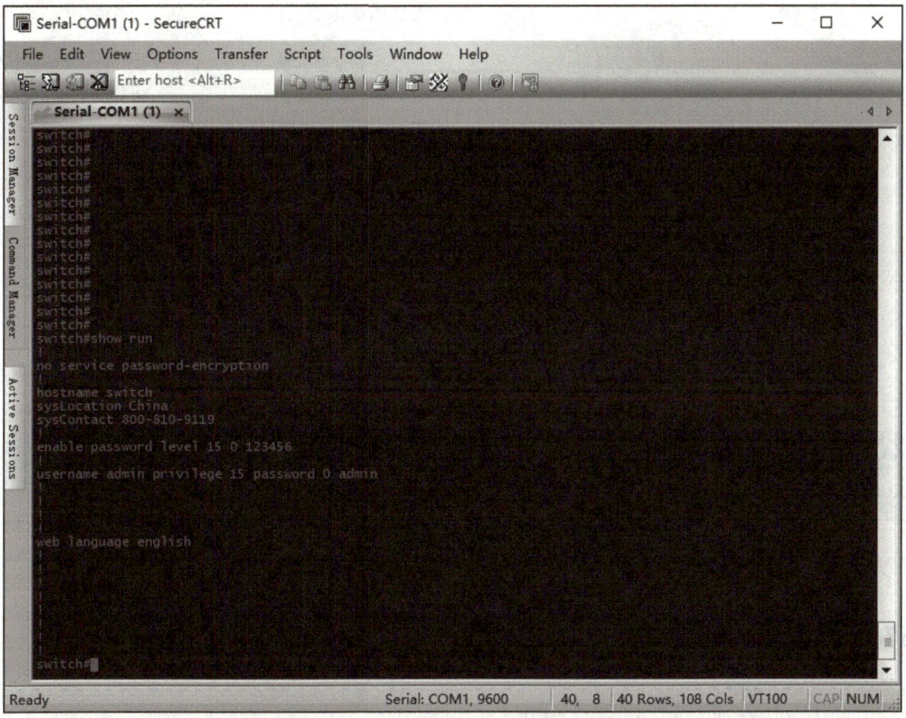

图1-4-7 "show run"命令查看运行状态

第5步：接口配置模式的配置方法。

```
switch（Config）#interface ethernet 1/0/1
switch（Config-Ethernet1/0/1）#          !已经进入以太端口1/0/1的接口
switch（Config）#interface vlan 1
switch（Config-If-Vlan1）#              !已经进入VLAN1的接口，也就是CPU的接口
```

第6步：VLAN配置模式的配置方法。

```
switch（Config）#vlan 100
switch（Config-Vlan100）#
```

验证配置：

```
switch（Config-Vlan100）#exit
switch（Config）#exit
Switch#show vlan
```

```
VLAN Name      Type         Media      Ports
————————  ————————  ————————  ————————
1    default       Static        ENET       Ethernet1/0/1      Etherneto/0/2
                                            Ethernet1/0/3      Ethernet1/0/4
                                            Ethernet1/0/5      Ethernet1/0/6
                                            Etherneto/0/7      Ethernet1/0/8
                                            Etherneto/0/9      Ethernet1/0/10
                                            Ethernet1/0/11     Ethernet1/0/12
                                            Ethernet1/0/13     Ethernet1/0/14
                                            Etherneto/0/15     Ethernet1/0/16
                                            Etherneto/0/17     Ethernet1/0/18
                                            Ethernet1/0/19     Ethernet1/0/20
                                            Ethernet1/0/21     Ethernet1/0/22
                                            Etherneto/0/23     Ethernet1/0/24
100  VLAN0100      Static        ENET
switch#
```

可以看到，已经新增了一个"VLAN100"的信息。

第7步：实验结束后，取消enable密码。

```
switch（Config）#no enable password admin
Input password: *****
switch（Config）#
```

注意事项：

1）特定的命令应该在正确的配置模式下输入。

2）如果不知道命令，可以使用"？"查看交换机命令。

任务总结

通过本任务了解了交换机普通用户模式、特权用户模式、全局配置模式等配置模式的功能，掌握了交换机不同配置模式间的切换方式。

任务评价

请根据实际情况填写表1-4-1。

表1-4-1 评价表

评价内容	评价目的	标准		方式	学生自评	教师评价
进入交换机的全局配置模式	检查掌握知识和技能的程度	正确（2分）	错误（0分）	任务满分为10分，根据完成情况评分		
进入交换机的接口配置模式		正确（2分）	错误（0分）			
退出到交换机的特权配置模式		完成（3分）	未完成（0分）			
个人表现	评价参与学习任务的态度与能力，团队合作的情况等	3分				
合　　计						

注：合计=学生自评占比40%+教师评价占比60%。

单项选择题

1. 神州数码交换机开启动态主机配置协议（DHCP）中继的命令是（　　）。

    A．server dhcp

    B．ip dhcp server relay information enable

    C．ip dhcp enable

    D．dhcp select relay

2. 下列关于DHCP中继的说法正确的是（　　）。

    A．DHCP多采用广播报文，如果出现多个子网则无法穿越。所以需要DHCP中继设备

    B．DHCP中继一定是一台交换机

    C．DHCP中继一定是一台路由器

    D．DHCP中继一定是一台主机

3. DHCP中继不能在（　　）实现。

    A．三层交换机　　　　　　　　　B．二层交换机

    C．服务器　　　　　　　　　　　D．集线器

任务5 恢复出厂设置及交换机基本配置

任务情景

祥云公司办公室的接入交换机由于员工误操作造成配置故障无法正常使用,需要对交换机进行清空处理。在此之后,需要对交换机设置enable密码,防止非管理人员任意修改交换机的配置。

本任务网络拓扑如图1-5-1所示。

拓扑说明:交换机1台、PC1台、Console线1根。

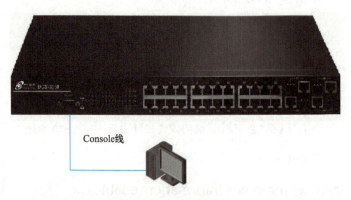

图1-5-1 网络拓扑

任务需求

1)给交换机设置enable密码。

2)恢复交换机出厂设置。

3)了解"show flash"命令以及显示内容。

4)了解"clock set"命令以及显示内容。

学习目标

- 掌握交换机恢复出厂设置的方法。

- 掌握交换机的基本配置命令。

任务分析

本任务需要对交换机的密码进行清除，然后重新配置交换机的特权密码，重新对交换机进行配置。

预备知识

交换机的硬件包括CPU、RAM（内存）、Flash（闪存）、NVRAM（非易失性随机存储器）、接口等。交换机的内存保存着交换机当前运行的配置，交换机IOS则保存在闪存中，系统启动配置文件保存在交换机的NVRAM中。

任务实施

第1步：为交换机设置enable密码。

```
switch>enable
switch#config t                              ！进入全局配置模式
switch（Config）#enable password level admin
Current password.                            ！原密码为空，直接回车
New password:*****                           ！输入密码
Confirm new password:*****
switch（Config） #exit
switch#write
switch#
```

验证配置：

验证方法1，重新进入交换机。

```
switch#exit                   ！退出特权用户配置模式
switch>
switch>enable                 ！进入特权用户配置模式
Password:***
switch#
```

验证方法2，使用"show running-config"命令来查看。

```
switch#show running-config
Current configuration：
```

```
!enable password level admin 827ccb0eea8a706c4c34a16891f84e7b
    !该行显示了已经为交换机配置了enable密码。
Hostname switch
!
!
Vlan 1
!
!
……                                            !省略部分显示
```

第2步：清空交换机的配置。

```
Switch>enable                              !进入特权用户配置模式
Switch#set default                         !使用set default 命令
Are you sure? [Y/N] = y                    !是否确认？
Switch#write                               !清空startup-config文件
Switch#show startup-config                 !显示当前的startup-config文件
This is first time start up system.        !系统提示此启动文件为出厂默认配置

Switch#reload                              !重新启动交换机
Process with reboot? [Y/N] y !
```

验证测试：

验证方法1，重新进入交换机。

```
switch>
switch>enable
switch#                                    !已经不需要输入密码就可进入特权模式
```

验证方法2，使用"show running-config"命令来查看。

```
switch#show running-config
Current configuration：
!
Hostname switch                            !已经没有enable密码显示了
!
Vlan1
!
……                                         !省略部分显示
```

第3步：使用"show flash"命令查看闪存，如图1-5-2所示。

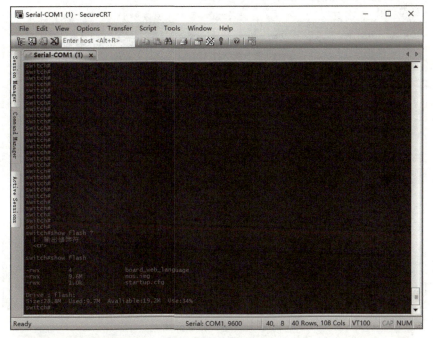

图1-5-2　查看闪存

第4步：设置交换机系统日期和时间，如图1-5-3所示。

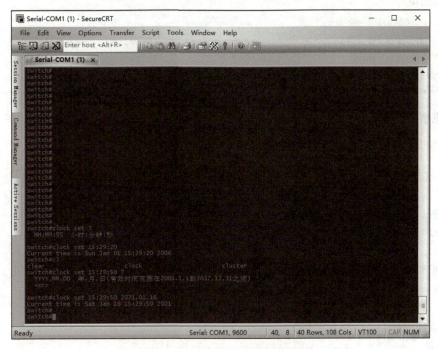

图1-5-3　设置交换机系统日期和时间

验证配置，如图1-5-4所示。

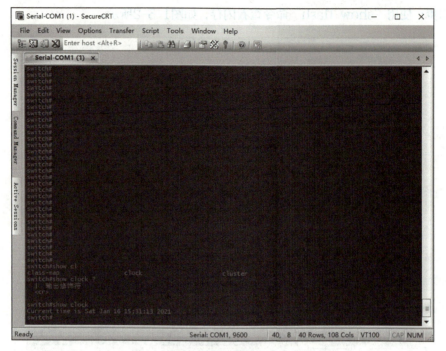

图1-5-4 验证配置

第5步：设置交换机命令行界面的提示符（设置交换机的名字）。

```
switch#
switch#config
switch（Config）hostname SW                !配置名字
SW（Config）#exit                          !无需验证，即配即生效
SW#
```

注意事项：

1）恢复出厂设置后一定要写入（write），重新启动后生效。

2）这几个命令中，配置名字（hostname）命令是在全局配置模式下配置的。

通过本任务可以掌握交换机恢复出厂设置的方法、交换机设置时间的命令以及设置enable密码的命令等。

请根据实际情况填写表1-5-1。

表1-5-1 评价表

评价内容	评价目的	标准		方式	学生自评	教师评价
配置交换机的特权密码	检查掌握知识和技能的程度	正确（2分）	错误（0分）	任务满分为10分，根据完成情况评分		
使用命令清空交换机的所有配置		正确（2分）	错误（0分）			
配置交换机的名字为SW1		完成（3分）	未完成（0分）			
个人表现	评价参与学习任务的态度与能力，团队合作的情况等	3分				
合　　计						

注：合计=学生自评占比40%+教师评价占比60%。

知识小测

单项选择题

1．下面说法错误的是（　　）。

　　A．交换机恢复出厂设置的命令是"set default"

　　B．"hostname"命令是在全局配置模式下配置的

　　C．配置现实的帮助信息为中文的命令是"language chinese"

　　D．"language chinese"命令是在全局模式下配置的

2．下列哪一条命令用来显示NVRAM中的配置文件（　　）。

　　A．show running-config

　　B．show startup-config

　　C．show backup-config

　　D．show version

3．以下描述中，不正确的是（　　）。

　　A．设置了交换机的管理地址后，就可使用Telnet方式来登录连接交换机，实现对交换机的管理与配置

　　B．首次配置交换机时，必须采用Console接口登录配置

　　C．默认情况下，交换机的所有端口均属于VLAN1，设置管理地址，实际上就是设置VLAN1接口的地址

　　D．交换机允许同时建立多个Telnet登录连接

任务6 解决enable密码丢失问题

任务情景

由于祥云公司的网络管理员将交换机管理密码遗失,他所管理的交换机需要进行相应的配置,没有特权密码就无法登录交换机进行配置,需要对交换机进行密码清除。

本任务网络拓扑如图1-6-1所示。

拓扑说明:交换机1台、PC1台、Console线1根。

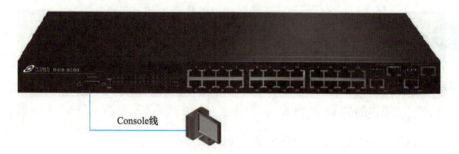

图1-6-1 网络拓扑

任务需求

1)给交换机设置一个enable密码。

2)通过Bootrom模式将这个密码清除。

3)了解Bootrom模式的一些基本命令的作用。

学习目标

- 掌握交换机enable密码丢失后重新进入交换机的方法。
- 掌握交换机Bootrom模式的配置命令。

任务分析

通过任务描述了解到,需要对交换机的特权密码进行处理。可以通过进入Bootrom模式对交换机进行密码的清除和配置导出工作。同时需要重新配置enable密码并做好记录和保存工作。

预备知识

交换机的管理分为带内管理和带外管理两种。带内管理占用一定的网络带宽，一般通过网络连接到交换机，如Telnet和Web管理。带外管理不占用网络带宽，如最常用的Console接口管理交换机。带外管理使用交换机专用的配置线缆，一边连接计算机的串口（RS-232），另一边连接交换机的Console接口，通过Windows系统的超级终端进入交换机进行配置。因为交换机出厂时没有进行任何配置，所以带外管理方式也是首次配置交换机的方式。

通过Console接口配置交换机时只需连接线缆即可进入交换机进行配置。对于安装在楼道里的交换机，应该配置Console接口的连接密码。只有经过密码认证才能连接交换机，进入交换机的一般配置模式，通过设置特权密码进入更高配置模式。Console接口密码和特权密码可设置为不同的密码。

任务实施

第1步：给交换机设置enable密码。

```
switch>enable
switch#config terminal                              !进入全局配置模式，见第四步
switch（Config）#enable password level admin
Current password:                                   !原密码为空，直接回车
New password:******                                 !输入密码
Confirm new password:******
switch（Config）#exit
switch#write
switch#
```

这时候从一般用户模式进入特权用户模式时，交换机会询问enable密码。

第2步：进入Bootrom模式。

在交换机启动的过程中，按住<Ctrl+B>组合键，直到交换机进入Bootrom模式，如图1-6-2所示。

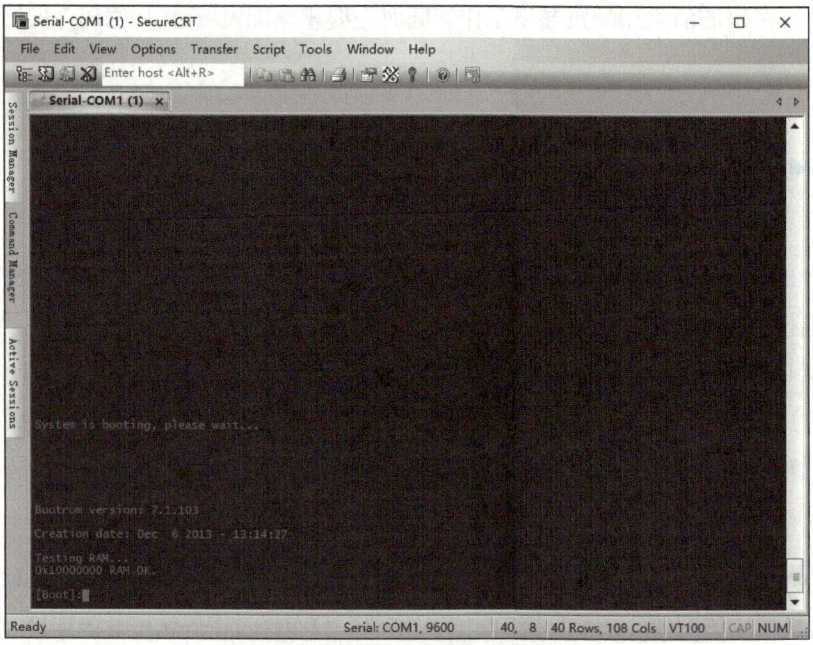

图1-6-2　进入Bootrom模式

第3步：查询Bootrom模式下的命令，使用"help"查询，显示结果如图1-6-3所示。

图1-6-3　使用"help"查询

第4步：使用"nopassword"命令。

[Boot]：nopassword

第5步：退出Bootrom模式。

[Boot]：reboot

重新启动后，原enable密码就已经被清除。

注意事项：

1）进入Bootrom模式要在交换机启动一开始，按<Ctrl+B>组合键的速度一定要快。

2）Bootrom模式下必须输入全命令，不能简写，不支持Tab。

任务总结

通过本任务可以掌握交换机enable密码丢失后的解决方式和Bootrom模式下的配置命令。

任务评价

请根据实际情况填写表1-6-1。

表1-6-1　评价表

评价内容	评价目的	标准		方式	学生自评	教师评价
如何进入Bootrom模式	检查掌握知识和技能的程度	正确（2分）	错误（0分）	任务满分为10分，根据完成情况评分		
使用命令清空密码		正确（2分）	错误（0分）			
使用命令退出Bootrom模式		完成（3分）	未完成（0分）			
个人表现	评价参与学习任务的态度与能力，团队合作的情况等	3分				
合　　计						

注：合计=学生自评占比40%+教师评价占比60%。

知识小测

单项选择题

1．按（　　）组合键可以进入Bootrom模式。

　　A．<Ctrl+A>　　　B．<Ctrl+B>　　　C．<Ctrl+C>　　　D．<Ctrl+D>

2. 下面说法正确的是（   ）。

   A．Bootrom模式下输入命令时不可以简写

   B．Bootrom模式下输入命令可以用<Tab>键补全命令

   C．交换机开机时按<Ctrl+D>组合键可以进入Bootrom模式

   D．交换机开机时按<Ctrl+C>组合键可以进入Bootrom模式

3. （   ）命令不是Bootrom模式下的命令。

   A．setconfig   B．reboot   C．clearconfig   D．reload

任务7　学习常用网络测试命令

任务情景

祥云公司的网络通信出现问题，导致有些计算机不能联网，PC1与PC2之间无法通信也无法连接，作为网络管理员需要排查网络出现的故障。

本任务网络拓扑如图1-7-1所示。

拓扑说明：交换机2台、PC2台、Console线1根、网线3根。设备配置参数见表1-7-1。

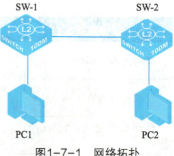

图1-7-1　网络拓扑

表1-7-1　设备配置参数

设备	接口	设备	接口
SW-1	E1/0/1	SW-2	E1/0/10
SW-2	E1/0/2	PC1	网口
SW-1	E1/0/10	PC2	网口

任务需求

1）使SW-1和SW-2能够PING通PC1和PC2。

2）使SW-1和SW-2能够Traceroute到PC1和PC2。

学习目标

● 熟练掌握PING、Traceroute 等命令的使用

任务分析

本任务要测试计算机能不能上网，计算机之间能不能通信。首先需要检测网络的连通性，可以使用PING命令进行检测。对于无法访问网络的问题，可以通过使用Traceroute命令用路由对外网地址进行追踪，查看目标地址经过哪些地址，到哪里中断，进而确定故障位置。

预备知识

PING和Traceroute是测试网络连接的常用命令。PING命令可以用来测试网络上的设备是否能通信。Traceroute（Windows系统下是Tracert）命令是利用ICMP定位计算机和目标计算机之间的所有路由器。生存时间（TTL）可以反映数据包经过的路由器或网关的数量，通过操纵独立ICMP呼叫报文的TTL和观察该报文被抛弃的返回信息，Traceroute命令能够遍历到数据包传输路径上的所有路由器。

任务实施

设备接口IP地址配置见表1-7-2 。

表1-7-2 设备接口IP地址

设备	接口	IP地址
SW-1	VLAN 1	192.168.1.1
SW-2	VLAN 1	192.168.2.1
PC1	网口	192.168.1.2
PC2	网口	192.168.2.2

第1步：基础环境配置，交换机恢复出厂设置。

```
switch#set default
switch#write
switch#reload
```

第2步：配置交换机。

```
sw-1#config
```

1）进入VLAN1配置位置。

```
sw-1（config）#interface Vlan1
```

2）配置VLAN1的IP地址。

```
sw-1（config-if-vlan1）# ip address 192.168.1.1
sw-2>enable
sw-2#config
sw-2（config）#interface Vlan1
sw-2（config-if-vlan1）# ip address 192.168.2.1
```

第3步：验证SW-1与PC1和PC2的通信。

1）访问PC1。

```
sw-1#ping 192.168.1.2
Type ^c to abort.
Sending 5 56-byte ICMP Echos to 192.168.1.2, timeout is 2 seconds.
!!!!!
（注：感叹号是访问成功，句号即失败）
Success rate is 100 percent（5/5），round-trip min/avg/max = 0/13/33 ms
```

2）访问PC2。

```
sw-1#ping 192.168.2.2
Type ^c to abort.
Sending 5 56-byte ICMP Echos to 192.168.2.2, timeout is 2 seconds.
!!!!!
Success rate is 100 percent（5/5），round-trip min/avg/max = 0/13/33 ms
```

第4步：SW-2如何到达PC1、PC2。

Traceroute是IP追踪命令，例如，访问任何一个地址是怎么到达，经过什么地址才能到达。

1）追踪PC1。

```
sw-1#Traceroute 192.168.1.2
```

Type ^c to abort.
Traceroute to ip host 192.168.1.2, maxhops is 30, timeout is 2000ms.
    1   33ms   192.168.1.2
Traceroute completed.

2）追踪PC2。

sw-1#Traceroute 192.168.2.2
Type ^c to abort.
Traceroute to ip host 192.168.2.2, maxhops is 30, timeout is 2000ms.
    1   33ms   192.168.2.2
Traceroute completed.

3）查看全部配置，即做过的配置痕迹。

sw-1（config）#show run
!
no service password-encryption
!
hostname sw-1
sysLocation China
sysContact 400-810-9119
!
authentication logging enable
!
username admin privilege 15 password 0 admin
!
info-center source debug level 8 prefix on channel 0
info-center source debug level 8 prefix on channel 1
!
vlan 1
!
Interface Ethernet1/0/1
!
Interface Ethernet1/0/2
!
Interface Ethernet1/0/3
!
Interface Ethernet1/0/27
!
Interface Ethernet1/0/28
!
interface Vlan1

```
 ip address 192.168.1.1
!
interface
!
no login
!
captive-portal
!
end
sw-2（config）#show run
!
no service password-encryption
!
hostname sw-2
sysLocation China
sysContact 400-810-9119
!
authentication logging enable
!
username admin privilege 15 password 0 admin
!
info-center source debug level 8 prefix on channel 0
info-center source debug level 8 prefix on channel 1
!
！ 以上配置默认已有无需重复配置
vlan 1
!
Interface Ethernet1/0/1
!
Interface Ethernet1/0/2
!
Interface Ethernet1/0/3
!
...
!
Interface Ethernet1/0/27
!
Interface Ethernet1/0/28
!
interface Vlan1
 ip address 192.168.2.1
!
no login
```

```
!
captive-portal
!
end
```

任务总结

通过本任务可以掌握PING和Traceroute命令的使用方法。

任务评价

请根据实际情况填写表1-7-3。

表1-7-3 评价表

评价内容	评价目的	标准		方式	学生自评	教师评价
使用命令测试PC1与PC2的连通性	检查掌握知识和技能的程度	正确（2分）	错误（0分）	任务满分为10分，根据完成情况评分		
使用命令测试交换机如何到达PC1		正确（2分）	错误（0分）			
配置交换机VLAN1的IP地址		完成（3分）	未完成（0分）			
个人表现	评价参与学习任务的态度与能力，团队合作的情况等	3分				
合　　计						

注：合计=学生自评占比40%+教师评价占比60%。

知识小测

单项选择题

1. 回环地址是（　　）。

    A. 1.1.1.1　　　　　　　　　　B. 255.255.255.0

    C. 0.0.0.0　　　　　　　　　　D. 127.0.0.1

2. PING命令使用的是网络层的（　　）协议。

    A. TCP/IP　　　B. ICMP　　　C. IPX/SPX　　　D. OSPF

3. Traceroute指令可追踪（　　），预设数据包大小是40B，用户可另行设置。

　　A．路由途径　　　B．数据包　　　　C．物理地址　　　　D．IP数据包

任务8　配置交换机远程管理

任务情景

　　祥云公司的交换机分布在各栋楼的不同楼层。由于经常需要进行网络配置，使用Console接口对交换机进行配置需要到该交换机前进行配置。一次小的配置改动就要到多栋楼的不同楼层进行配置，管理效率非常低。现需要用交换机配合远程管理功能解决此问题。

　　本任务网络拓扑如图1-8-1所示。

　　拓扑说明：交换机1台、PC1台、Console线1根、网线1根。

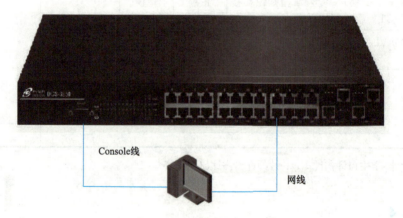

图1-8-1　网络拓扑

任务需求

　　1）按照图1-8-1搭建网络。

　　2）PC和交换机的20口用网线相连。

　　3）交换机的管理IP地址为192.168.1.1/24。

　　4）PC网卡的IP地址为192.168.1.10/24。

单元1 配置交换机

学习目标

- 了解带内管理。
- 掌握使用Telnet管理交换机的方法。

任务分析

交换机的Telnet远程登录允许管理员从网络上的任意终端登录并进行管理，登录时只需要输入登录用户名和密码就可以像使用Console接口一样管理交换机，从而提高管理效率。

预备知识

使用Telnet远程登录进行配置是常用的带内管理方式。带内管理方式首先利用配置线通过Console接口连接到交换机，配置交换机的远程管理地址，然后进入线路配置模式，配置远程登录密码并开启远程登录功能。配置好后，可使用网络中的任何一台与设备连通的计算机通过Telnet程序连接到交换机进行远程管理。

任务实施

第1步：交换机恢复出厂设置，设置正确的时钟和标识符。

```
switch#set default
Are you sure? [Y/N] = y
switch#write
switch#reload
Process with reboot? [Y/N] y

switch# clock set 15:29:50 2021.01.16
Current time is MON JAN 16 15:29:50 2021
switch#
switch#config
switch（Config）# hostname SW-1
SW-1（Config）#exit
SW-1#
```

第2步：给交换机设置IP地址，即管理IP。

```
SW-1#config
```

```
SW-1（Config）#interface vlan 1                    ！进入VLAN1接口
02:20:17: %LINK-5-CHANGED：Interface Vlanl，changed state to UP
SW-1（Config-If-Vlanl）#ip address 192.168.1.1 255.255.255.0 ！配置地址
SW-1（Config-If-vlan1）#no shutdown               ！激活VLAN接口
SW-1（Config-If-Vlanl）#exit
SW-1（Config）#exit
SW-1#
```

验证配置：

```
SW-1#show run
Current configuration：
!
hostname  SW-1
!
Vlan 1
!
Interface Ethernet1/0/1
……
Interface Ethernet1/0/24
!
interface Vlan1
ip address 192.168.1.1 255.255.255.0 ！已经配置好交换机IP地址
!
SW-1#
```

第3步：为交换机设置授权Telnet用户。

```
SW-1#config
SW-1（Config）#username admin password 0 123456
SW-1（Config）#exit
SW-1#
```

验证配置：

```
SW#show run
Current configuration：
!
hostname SW-1
!
username admin password 0 123456
!
Vlan 1
!
Interface Ethernet1/0/1
```

```
……
Interface Ethernet1/0/24
interface vlan 1
ip address 192.168.1.1 255.255.255.0
!
SW-1#
```

第4步：配置主机的IP地址，在本任务中要与交换机的IP地址在同一个网段，如图1-8-2所示。

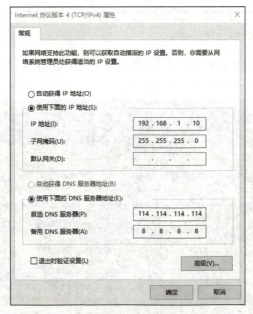

图1-8-2　PC的IP

验证配置：

在命令行中使用"ipconfig"命令查看IP地址配置，如图1-8-3所示。

图1-8-3　IP地址配置信息

第5步：验证主机与交换机是否连通。

验证方法1，在交换机中PING主机。

```
SW-1#ping 192.168.1.10
Type c to abort.
Sending 5 56-byte ICMP Echos to 192.168.1.10, timeout is 2 seconds.
!!!!!
Success rate is 100 percent （5/5）, round-trip min/avg/max = 1/1/1 ms
SW-1#
```

很快出现5个"！"表示已经连通。

验证方法2，在主机命令行中PING交换机，出现图1-8-4所示提示则表示连通。

图1-8-4 PC PING交换机

第6步：使用Telnet登录。

打开微软视窗系统，右击"开始"图标，单击"运行"选项，运行Windows自带的Telnet用户端程序，并且指定Telnet的目的地址，如图1-8-5所示。

需要输入正确的登录名和密码，登录名是"admin"，密码是"123456"，如图1-8-6所示。

图1-8-5 Telnet远程登录

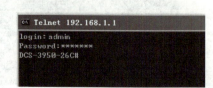

图1-8-6 登录交换机

接下来可以对交换机做进一步配置，本任务完成。

注意事项：

1）默认情况下，交换机所有端口都属于VLAN1，因此通常把VLAN1作为交换机的管理VLAN，因此VLAN1接口的IP地址就是交换机的管理地址。

2）删除一个Telnet用户可以在Config模式下使用"no username"命令。

通过本任务了解了什么是带内管理，熟练掌握了如何使用Telnet方式来登录管理交换机。

请根据实际情况填写表1-8-1。

表1-8-1 评价表

评价内容	评价目的	标准		方式	学生自评	教师评价
配置交换机的管理地址	检查掌握知识和技能的程度	正确（2分）	错误（0分）	任务满分为10分，根据完成情况评分		
使用交换机命令设置授权Telnet用户		正确（2分）	错误（0分）			
远程登录交换机并将交换机的名字改为SW-1		完成（3分）	未完成（0分）			
个人表现	评价参与学习任务的态度与能力，团队合作的情况等	3分				
合计						

注：合计=学生自评占比40%+教师评价占比60%。

单项选择题

1．下面说法错误的是（　　）。

　　A．默认情况下，交换机所有端口都属于VLAN1

　　B．通常把VLAN1作为交换机的管理VLAN

　　C．VLAN1接口的IP地址通常是交换机的管理地址

　　D．不能为其他VLAN配置管理地址

2. 下面说法错误的是（ ）。

   A. Telnet管理交换机属于带外管理

   B. Telnet管理交换机属于带内管理

   C. Web管理交换机属于带内管理

   D. 通常为了远程管理交换机，需要给交换机配置管理IP地址

3. 下面说法错误的是（ ）。

   A. 在客户机上可以使用PING命令测试交换机的连通性

   B. 在Windows客户机上可以使用Tracert命令测试网络连通性

   C. 删除一个Telnet用户可以在Config模式下使用"no telnet-user"命令

   D. 二层交换机的IP地址不可以配置多个

任务9 配置交换机VLAN功能

任务情景

祥云公司有财务部和人事部两个部门，部门的计算机都通过交换机连接公司内部局域网，考虑财务部的数据安全和保密性需要，现需要把财务部和人事部的计算机分成不同网段，实现逻辑上的隔离。

本任务网络拓扑如图1-9-1所示。

拓扑说明：交换机1台、PC2台、Console线1根、网线2根。

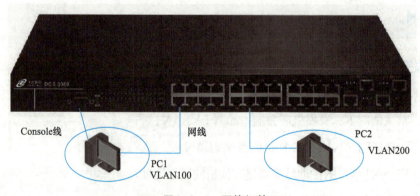

图1-9-1　网络拓扑

> **任务需求**

1）在交换机上划分两个基于端口的VLAN：VLAN100，VLAN200。端口规划见表1-9-1。

表1-9-1　VLAN端口规划

VLAN	端口成员
100	1~5
200	6~10

2）使得VLAN100的成员能够互相访问，VLAN100和VLAN200的成员能够互相访问。

3）交换机、PC的IP地址设置见表1-9-2所示。

表1-9-2　交换机、PC的IP地址设置

设备	IP地址	Mask
SW-1	192.168.10.11	255.255.255.0
PC1	192.168.10.101	255.255.255.0
PC2	192.168.10.102	255.255.255.0

4）PC1、PC2接在VLAN100的成员端口1~5上，两台PC互相可以PING通；PC1、PC2接在VLAN200的成员端口6~10上，两台PC互相可以PING通；PC1接在VLAN100的成员端口1~5上，PC2接在VLAN200的成员端口6~10上，则互相PING不通。

5）若结果和理论相符，则任务完成。

> **学习目标**

- 掌握二层交换机VLAN划分的方法。
- 掌握验证VLAN划分结果的方法。

> **任务分析**

可以通过VLAN技术可把交换机端口划分到不同的VLAN，实现计算机的逻辑隔离，使这两个部门不能直接通信。

预备知识

VLAN是对连接到第二层交换机端口的网络用户的逻辑分段，不受网络用户的物理位置限制而根据用户需求进行网络分段。一个VLAN可以在一个交换机或者跨交换机实现。VLAN可以根据网络用户的位置、作用、部门或者根据网络用户所使用的应用程序和协议来进行分组。基于交换机的VLAN能够为局域网解决冲突域、广播域、带宽问题。

任务实施

第1步：交换机恢复出厂设置。

```
switch#set default
switch#write
switch#reload
```

第2步：给交换机设置IP地址，即管理IP。

```
switch#config
switch（Config）#interface vlan 1
switch（Config-If-Vlanl）#ip address 192.168.10.11 255.255.255.0
switch（Config-If-Vlan1）#no shutdown
switch（Config-If-Vlanl）#exit
switch（Config）#exit
```

第3步：创建VLAN100和VLAN200。

```
switch（Config）#
switch（Config）#vlan 100
switch（Config-Vlan100）#exit
switch（Config）#vlan 200
switch（Config-Vlan200）#exit
switch（Config）#
```

验证配置：

```
switch#show vlan
VLAN Name        Type        Media        Ports
```

1	default	Static	ENET	Ethernet1/0/1	Ethernet1/0/2
				Ethernet1/0/3	Ethernet1/0/4
				Ethernet1/0/5	Ethernet1/0/6
				Ethernet1/0/7	Ethernet1/0/8
				Ethernet1/0/9	Ethernet1/0/10
				Ethernet1/0/11	Ethernet1/0/12
				Ethernet1/0/13	Ethernet1/0/14
				Ethernet1/0/15	Ethernet1/0/16
				Ethernet1/0/17	Ethernet1/0/18
				Ethernet1/0/19	Ethernet1/0/20
				Ethernet1/0/21	Ethernet1/0/22
				Ethernet1/0/23	Ethernet1/0/24

100　VLAN0100 Static ENET！已经创建了VLAN100，VLAN100中没有端口

200　VLAN0200 Statid ENET！已经创建了VLAN200，VLAN200中没有端口

第4步：给VLAN100和VLAN200添加端口。

switch（Config）#vlan 100

！进入VLAN100

switch（Config-Vlan100）#switchport interface ethernet 1/0/1-5

！给VLAN100加入端口1-5

Set the port Ethernet1/0/1 access vlan 100 successfully

Set the port Ethernet1/0/2 access vlan 100 successfully

Set the port Ethernet1/0/3 access vlan 100 successfully

Set the port Ethernet1/0/4 access vlan 100 successfully

Set the port Ethernet1/0/5 access vlan 100 successfully

switch（Config-Vlan100）#exit

switch（Config）#vlan 200

！进入VLAN200

switch（Config-Vlan200）#switchport interface ethernet 1/0/6-10

！给VLAN200加入端口6-10

Set the port Ethernet1/0/6 access vlan 200 successfully

Set the port Ethernet1/0/7 access vlan 200 successfully

Set the port Ethernet1/0/8 access vlan 200 successfully

Set the port Ethernet1/0/9 access vlan 200 successfully

Set the port Ethernet1/0/10 access vlan 200 successfully

switch（Config-Vlan200）#exit

验证配置：

```
switch#show vlan
VLAN Name           Type        Media       Ports
——————   ————   ————   ——————————————
1 default           Static      ENET        Ethernet1/0/11    Etherneto/0/12
                                            Ethernet1/0/13    Ethernet1/0/14
                                            Ethernet1/0/15    Ethernet1/0/16
                                            Ethernet1/0/17    Ethernet1/0/18
                                            Ethernet1/0/19    Ethernet1/0/20
                                            Ethernet1/0/21    Ethernet1/0/22
                                            Ethernet1/0/23    Ethernet1/0/24
100 VLAN0100        Static      ENET        Ethernet1/0/1     Ethernet1/0/2
                                            Ethernet1/0/3     Ethernet1/0/4
                                            Ethernet1/0/5
200 VLAN0200        Static      ENET        Ethernet1/0/6     Ethernet1/0/7
                                            Ethernet1/0/8     Ethernet1/0/9
                                            Ethernet1/0/10
```

第5步：验证结果，见表1-9-3。

表1-9-3　测试连通效果

PC1位置	PC2位置	动作	结果
1～5端口		PC1 PING 192.168.10.11	不通
6～10端口		PC1 PING 192.168.10.11	不通
11～24端口		PC1 PING 192.168.10.11	通
1～5端口	1～5端口	PC1 PING PC2	通
1～5端口	6～10端口	PC1 PING PC2	不通
1～5端口	11～24端口	PC1 PING PC2	不通

任务总结

通过本任务可以掌握交换机VLAN划分的配置方法。

任务评价

请根据实际情况填写表1-9-4。

表1-9-4 评价表

评价内容	评价目的	标准		方式	学生自评	教师评价
恢复交换机出厂设置	检查掌握知识和技能的程度	正确（2分）	错误（0分）	任务满分为10分，根据完成情况评分		
使用命令创建VLAN100和VLAN200		正确（2分）	错误（0分）			
使用命令给VLAN100和VLAN200添加端口		完成（3分）	未完成（0分）			
个人表现	评价参与学习任务的态度与能力，团队合作的情况等	3分				
合计						

注：合计=学生自评占比40%+教师评价占比60%。

知识小测

单项选择题

1. VLAN之间的通信通过（ ）实现。

   A．二层交换机　　　　　　B．网桥

   C．路由器　　　　　　　　D．中继器

2. 关于VLAN说法不正确的是（ ）。

   A．隔离广播域

   B．相互间通信要通过三层设备

   C．可以限制网上的计算机互相访问的权限

   D．只能在同一物理网络上的主机进行逻辑分组

3. 利用交换机可以把网络划分成多个VLAN。一般情况下，交换机默认的VLAN是（ ）。

   A．VLAN0　　　　　　　　B．VLAN1

   C．VLAN10　　　　　　　 D．VLAN1024

任务10 多层交换机VLAN的划分和VLAN间路由

任务情景

祥云公司的两个部门,分别是行政办公室和总务处,它们分别处于不同的办公室。为了安全和便于管理,两个办公室的主机进行了VLAN划分,分别处于不同的VLAN。现由于公司业务的需要,需要这两个办公室之间的主机通过三层交换机实现互访,管理员在现有网络的基础上,通过交换机虚拟接口(SVI)实现VLAN间路由的方法来实现这两个办公室之间的访问。

本任务网络拓扑如图1-10-1所示。

拓扑说明:交换机1台、PC2台、Console线1根、网线2条。

图1-10-1 网络拓扑

任务需求

1)在交换机上划分两个基于端口的VLAN:VLAN10,VLAN20。端口规划见表1-10-1。

表1-10-1 VLAN端口规划

VLAN	端口成员
10	1/0/1~1/0/10
20	1/0/11~1/0/20

2)使得VLAN10的成员能够互相访问,VLAN20的成员能够互相访问;VLAN10和VLAN20成员之间不能互相访问。

3)PC1和PC2的网络配置见表1-10-2和表1-10-3。

表1-10-2　网络配置1

设备	端口	IP	网关1	Mask
SW-1		192.168.1.254	无	255.255.255.0
VLAN10		无	无	255.255.255.0
VLAN20		无	无	255.255.255.0
PC1	1～10	192.168.1.254	无	255.255.255.0
PC2	11～20	192.168.1.254	无	255.255.255.0

表1-10-3　网络配置2

设备	端口	IP	网关1	Mask
SW-1		192.168.1.254	无	255.255.255.0
VLAN10		192.168.1.254	无	255.255.255.0
VLAN20		192.168.2.254	无	255.255.255.0
PC1	1～10	192.168.1.1	192.168.1.254	255.255.255.0
PC2	11～20	192.168.2.1	192.168.2.254	255.255.255.0

4）各设备的IP地址首先使用网络配置1地址，使用PC1 PING PC2，不通。

5）再按照网络配置2地址，并在交换机上配置VLAN接口IP地址，使用PC1 PING PC2，则通，该通信属于VLAN间通信，要经过三层交换机的路由。

6）若结果和理论相符，则任务完成。

学习目标

- 掌握交换机进行VLAN的划分方法。
- 掌握单交换机VLAN间路由的方法。

任务分析

多层交换机的相同VLAN可以通信，不同VLAN不能通信，可以通过配置交换机端口的VLAN属性，使用VLAN接口IP地址作为本网段的网关地址，所有VLAN接口IP地址都在同一个三层交换机下，三层交换机通过直连路由可以使不同VLAN间进行通信。

预备知识

VLAN是一组逻辑上的设备和用户,这些设备和用户并不受物理位置的限制,可以根据功能、部门及应用等因素将它们组织起来,相互之间的通信就好像它们在同一个网段中一样。

VLAN技术具有网络设备的移动、添加和修改的管理开销减少,可以控制广播活动,可提高网络的安全性的优点。

一个SVI对应一个VLAN,当需要VLAN之间连通或桥接VLAN以及提供PC到交换机的连接的时候,就需要为相应的VLAN配置相应的SVI。SVI通常用于连接整个VLAN,这种接口称为逻辑三层接口,也就是三层接口。当为VLAN配置SVI后就可以在VLAN间路由通信。

任务实施

第1步:交换机恢复出厂设置。

```
switch#set default
switch#write
switch#reload
```

第2步:给交换机设置IP地址,即管理IP。

```
switch#config
switch(Config)#interface vlan 1
switch(Config-If-Vlan1)#ip address 192.168.10.254 255.255.255.0
switch(Config-If-Vlan1)#no shutdown
switch(Config-If-Vlan1)#exit
switch(Config)#exit
```

第3步:创建VLAN10和VLAN20。

```
switch(Config)#
switch(Config)#vlan 10
switch(Config-Vlan10)#exit
switch(Config)#vlan 20
switch(Config-Vlan20)#exit
switch(Config)#
```

验证配置：

```
switch#show vlan
VLAN Name          Type         Media      Ports
____ _____  _____   _____  _____
1    default       Static       ENET       Ethernet1/0/1        Ethernet1/0/2
                                           Ethernet1/0/3        Ethernet1/0/4
                                           Ethernet1/0/5        Ethernet1/0/6
                                           Ethernet1/0/7        Ethernet1/0/8
                                           Ethernet1/0/9        Ethernet1/0/10
                                           Ethernet1/0/11       Ethernet1/0/12
                                           Ethernet1/0/13       Ethernet1/0/14
                                           Ethernet1/0/15       Ethernet1/0/16
                                           Ethernet1/0/17       Ethernet1/0/18
                                           Ethernet1/0/19       Ethernet1/0/20
                                           Ethernet1/0/21       Ethernet1/0/22
                                           Ethernet1/0/23       Ethernet1/0/24
10   VLAN010       Static       ENET
20   VLAN020       Static       ENET
```

第4步：给VLAN10和VLAN20添加端口。

```
switch（Config）#vlan 10                    ！进入VLAN10
switch（Config-Vlan10）#switchport interface ethernet 1/0/1-10
Set the port Ethernet1/0/1 access vlan 10 successfully
Set the port Ethernet1/0/2 access vlan 10 successfully
Set the port Ethernet1/0/3 access vlan 10 successfully
Set the port Ethernet1/0/4 access vlan 10 successfully
Set the port Ethernet1/0/5 access vlan 10 successfully
Set the port Ethernet1/0/6 access vlan 10 successfully
Set the port Ethernet1/0/7 access vlan 10 successfully
Set the port Ethernet1/0/8 access vlan 10 successfully
Set the port Ethernet1/0/9 access vlan 10 successfully
Set the port Ethernet1/0/10 access vlan 10 successfully
switch（Config-Vlan10）#exit
switch（Config）#vlan 20                    ！进入VLAN20
switch（Config-Vlan20）#switchport interface ethernet 1/0/11-20
Set the port Ethernet1/0/11 access vlan 20 successfully
Set the port Ethernet1/0/12 access vlan 20 successfully
Set the port Ethernet1/0/13 access vlan 20 successfully
Set the port Ethernet1/0/14 access vlan 20 successfully
Set the port Ethernet1/0/15 access vlan 20 successfully
```

Set the port Ethernet1/0/16 access vlan 20 successfully
Set the port Ethernet1/0/17 access vlan 20 successfully
Set the port Ethernet1/0/18 access vlan 20 successfully
Set the port Ethernet1/0/19 access vlan 20 successfully
Set the port Ethernet1/0/20 access vlan 20 successfully
switch（Config-Vlan20）#exit

验证配置：

```
switch#show vlan
VLAN Name          Type      Media    Ports
---- ------------  --------  -------  -----------------
1    default       Static    ENET     Ethernet1/0/21   Ethernet1/0/22
                                      Ethernet1/0/23   Ethernet1/0/24
10   VLAN010       Static    ENET     Ethernet1/0/1    Ethernet1/0/2
                                      Ethernet1/0/3    Ethernet1/0/4
                                      Ethernet1/0/5    Ethernet1/0/6
                                      Ethernet1/0/7    Ethernet1/0/8
                                      Ethernet1/0/9    Ethernet1/0/10
20   VLAN020       Static    ENET     Ethernet1/0/11   Ethernet1/0/12
                                      Ethernet1/0/13   Ethernet1/0/14
                                      Ethernet1/0/15   Ethernet1/0/17
                                      Ethernet1/0/17   Ethernet1/0/18
                                      Ethernet1/0/19   Ethernet1/0/20
switch#
```

第5步：验证结果。

根据表1-10-2网络配置，设置PC的IP地址，验证结果见表1-10-4。

表1-10-4　验证结果

PC1位置	PC2位置	动作	结果
1/0/1～1/0/10端口	1/0/11～1/0/20端口	PC1 PING PC2	不通

第6步：添加VLAN地址。

switch（Config）#interface vlan 10

switch（Config-If-Vlan10）# %Jan 01 00:00:59 206 %LINK-5-CHANGED: Interface Vlan10, changed state to UP

switch（Config-If-Vlan10）#ip address 192.168.1.254 255.255.255.0

switch（Config-If-Vlan10）#no shut

```
switch(Config-If-Vlan10)#exit
switch(Config)#interface vlan 20
switch(Config-If-Vlan20)# %Jan 01 00:00:59 206 %LINK-5-CHANGED: Interface Vlan10, changed state to UP
switch(Config-If-Vlan20)#ip address 192.168.2.254 255.255.255.0
switch(Config-If-Vlan20)#no shut
switch(Config-If-Vlan20)#exit
switch(Config)#
```

按要求连接PC1与PC2，验证配置：

```
switch#show ip route
Codes: K - kernel, C - connected, S - static, R - RIP, B - BGP
       O - OSPF, IA - OSPF inter area
       N1 - OSPF NSSA external type 1, N2 - OSPF NSSA external type 2
       E1 - OSPF external type 1, E2 - OSPF external type 2
       i - IS-IS, L1 - IS-IS level-1, L2 - IS-IS level-2, ia - IS-IS inter area
       * - candidate default

C       127.0.0.0/8 is directly connected, Loopback
C       192.168.1.0/24 is directly connected, Vlan10
C       192.168.2.0/24 is directly connected, Vlan20
switch#
```

第7步：验证结果。

根据表1-10-3网络配置，设置PC的IP地址，验证结果见表1-10-5。

表1-10-5　验证结果

PC1位置	PC2位置	动作	结果
1/0/1~1/0/10端口	1/0/11~1/0/20端口	PC1 PING PC2	通

任务总结

通过本任务可以掌握三层交换机VLAN划分和VLAN间路由的配置方法。

任务评价

请根据实际情况填写表1-10-6。

表1-10-6 评价表

评价内容	评价目的	标准		方式	学生自评	教师评价
使用命令恢复交换机的出厂设置	检查掌握知识和技能的程度	正确（2分）	错误（0分）	任务满分为10分，根据完成情况评分		
使用命令创建VLAN，并为其添加端口		正确（2分）	错误（0分）			
使用命令测试两台PC的连通性		完成（3分）	未完成（0分）			
个人表现	评价参与学习任务的态度与能力，团队合作的情况等	3分				
合　　计						

注：合计=学生自评占比40%+教师评价占比60%。

知识小测

单项选择题

1. 下列关于交换机的接入链路和干道链路叙述中不正确的是（　　）。

    A．接入链路用于连接主机

    B．接入链路可以包含多个端口

    C．干道链路是可以承载多个不同VLAN数据的链路

    D．干道链路通常用于交换机间的互连，或者连接交换机和路由器

2. 对于交换机的VLAN配置，以下描述不正确的选项为（　　）。

    A．默认VLAN ID为1

    B．通过命令"show vlan"查看VLAN设置时，必须指定某一个VLAN ID

    C．创建VLAN时，会同时进入此VLAN的配置模式

    D．对于已创建的VLAN，可以对它配置一个描述字符串

3. 下列关于VLAN的描述中，不正确的选项为（　　）。

    A．一个VLAN形成一个小的广播域，同一个VLAN成员都在由所属VLAN确定的广播域内

    B．VLAN技术被引入到网络解决方案中来，用于解决大型的二层网络面临的问题

    C．VLAN的划分必须基于用户地理位置，受物理设备的限制

    D．VLAN在网络中的应用增强了通信的安全性

4．下列关于VLAN特性的描述中，不正确的选项为（　　）。

　　A．VLAN技术是在逻辑上对网络进行划分

　　B．VLAN技术增强了网络的健壮性，可以将一些网络故障限制在一个VLAN之内

　　C．VLAN技术有效地限制了广播风暴，但没有提高带宽的利用率

　　D．VLAN配置管理简单，降低了管理维护的成本

任务11　配置跨交换机相同VLAN间通信功能

祥云公司办公楼有3层，每层都有一台交换机以满足员工的上网需求，每层都有两个部门。现需要实现后勤部两个办公室的计算机可以互相访问，财务部两个办公室的计算机也可以互相访问；但后勤部和财务部之间不可以自由访问。

本任务网络拓扑如图1-11-1所示。

拓扑说明：交换机3台、PC2台、Console线1根、网线2根。

图1-11-1　网络拓扑

任务需求

1）按照图1-11-1搭建网络。

2）在SW-1和SW-2上分别划分两个基于端口的VLAN：VLAN100，VLAN200，端口规划见表1-11-1。

表1-11-1　端口规划

VLAN	端口成员
100	1~5
200	6~10
Trunk端口	20

3）使交换机VLAN100的成员能够互相访问，VLAN200的成员能够互相访问；VLAN100和VLAN200成员之间不能互相访问。

4）PC和交换机的网络设置见表1-11-2。

表1-11-2　PC和交换机的网络设置

设备	IP地址	Mask
SW-1	192.168.10.11	255.255.255.0
SW-2	192.168.10.12	255.255.255.0
PC1	192.168.10.101	255.255.255.0
PC2	192.168.10.102	255.255.255.0

5）PC1、PC2分别接在不同交换机的VLAN100端口1~5上，两台PC互相可以PING通；PC1、PC2分别接在不同交换机的VLAN200端口6~10上，两台PC互相可以PING通；PC1和PC2接在不同VLAN的成员端口上则互相PING不通。

6）若结果和理论相符，则任务完成。

学习目标

- 掌握跨交换机相同VLAN间通信的配置方法。
- 掌握交换机的Trunk端口和Access端口。
- 理解交换机的Tagged端口和Untagged端口的区别。

任务分析

本任务要实现不同交换机的相同VLAN能够通信，不同VLAN不能通信，需要将交换机接口设置为Trunk模式。

预备知识

交换机中，有两种类型的端口：接入端口（Access）和中继端口（Trunk），Access

端口用来连接用户主机，只能属于一个VLAN，因此该端口只传输本VLAN的数据。所谓的Untagged端口和Tagged端口不是讲述物理端口的状态，而是讲述物理端口所拥有的某一个VLAN ID（VID）的状态，所以一个物理端口可以在某一个VID上是Untagged端口，在另一个VID上是Tagged端口。Untag端口和Tag端口是针对VID来说的，和PVID（Port-base VLAN ID，基于端口的VID）没有什么关系。

比如有一个交换机的端口设置成Untag端口，但是从这个端口进入交换机的网络包如果没有VLAN Tag，就会被打上该端口的PVID。

任务实施

第1步：交换机恢复出厂设置。

```
switch#set default
switch#write
switch#reload
```

第2步：给交换机设置标示符和管理IP。

SW-1：

```
switch（Config）#hostname SW-1
SW-1（Config）#interface vlan 1
SW-1（Config-If-Vlan1）#ip address 192.168.10.11 255.255.255.0
SW-1（Config-If-Vlan1）#no shutdown
SW-1（Config-If-Vlan1）#exit
SW-1（Config）#
```

SW-2：

```
switch（Config）#hostname SW-2
SW-2（Config）#interface vlan 1
SW-2（Config-If-Vlan1）#ip address 192.168.10.12 255.255.255.0
SW-2（Config-If-Vlan1）#no shutdown
SW-2（Config-If-Vlan1）#exit
SW-2（Config）#
```

第3步：在交换机中创建VLAN100和VLAN200，并添加端口。

```
SW-1：SW-1（Config）#vlan 100
SW-1（Config-Vlan100）#
SW-1（Config-Vlan100）#switchport interface ethernet 1/0/1-5
```

```
SW-1（Config-Vlan100）#exit
SW-1（Config）#vlan 200
SW-1（Config-Vlan200）#switchport interface ethernet 1/0/6-10
SW-1（Config-Vlan200）#exit
SW-1（Config）#
```

验证配置：

```
SW-1#show vlan
```

VLAN	Name	Type	Media	Ports	
1	default	Static	ENET	Ethernet1/0/11	Ethernet1/0/12
......					
				Ethernet1/0/23	Ethernet1/0/24
100	VLAN0100	Static	ENET	Ethernet1/0/1	Ethernet1/0/2
				Ethernet1/0/3	Ethernet1/0/4
				Ethernet1/0/5	
200	VLAN0200	Static	ENET	Ethernet1/0/6	Ethernet1/0/7
				Ethernet1/0/8	Ethernet1/0/9
				Ethernet1/0/10	

```
SW-1#
```

第4步：设置交换机Trunk端口。

```
SW-1：
SW-1（Config）#interface ethernet 1/0/20
SW-1（Config-Ethernet1/0/20）#switchport mode trunk
Set the port Ethernet1/0/20 mode TRUNK successfully
SW-1（Config-Elthernet0/0/20）#switchport trunk allowed vlan all
set the port Ethernet1/0/20 allowed vlan successfully
SW-1（Config-Ethernet1/0/20）#exit
SW-1（Config）#
```

验证配置：

```
SW-1#show vlan
```

1	default	Static	ENET	Ethernet1/0/11	Ethernet1/0/12
......					
				Ethernet1/0/23	Ethernet1/0/24
100	VLAN0100	Static	ENET	Ethernet1/0/1	Ethernet1/0/2
				Ethernet1/0/3	Ethernet1/0/4
				Ethernet1/0/5	Ethernet1/0/20（T）
200	VLAN0200	Static	ENET	Ethernet1/0/6	Ethernet1/0/7

```
                              Ethernet1/0/8        Ethernet1/0/9
                              Ethernet1/0/10       Ethernet1/0/20（T）
SW-2#
```

20口已经出现在VLAN1、VLAN100和VLAN200中，并且20口不是一个普通端口，是Tagged端口。

SW-2：配置同SW-1。

第5步：验证结果。

```
SW-1 ping SW-2：
SW-1#ping 192.168.10.12
Type c to abort .
Sending 5 56-byte ICMP Echos to 192.168.10.12，timeout is 2 seconds.
! ! ! ! !
Success rate is 100 percent（5/5），round-trip min/avg/max = 1/1/1 ms
SW-1#
```

1）表明交换机之前的Trunk端口链路已经成功建立。

2）PC1插在SW-1上，PC2插在SW-2上，验证结果见表1-11-3。

表1-11-3 验证结果

PC1位置	PC2位置	动作	结果
1～5端口		PC1 Ping SW-2	不通
6～10端口		PC1 Ping SW-2	不通
11～24端口		PC1 Ping SW-2	通
1～5端口	1～5端口	PC1 Ping PC2	通
1～5端口	6～10端口	PC1 Ping PC2	不通

通过本任务可以掌握跨交换机VLAN通信的配置方法和掌握交换机端口Trunk、Access端口的配置方法。

请根据实际情况填写表1-11-4。

表1-11-4 评价表

评价内容	评价目的	标准		方式	学生自评	教师评价
使用交换机创建VLAN100和VLAN200，并添加端口	检查掌握知识和技能的程度	正确（2分）	错误（0分）	任务满分为10分，根据完成情况评分		
使用命令设置交换机Trunk端口		正确（2分）	错误（0分）			
使用命令测试各PC的连通性		完成（3分）	未完成（0分）			
个人表现	评价参与学习任务的态度与能力，团队合作的情况等	3分				
合计						

注：合计=学生自评占比40%+教师评价占比60%。

知识小测

单项选择题

1. 关于VLAN下面说法正确的是（　　）。

　　A．隔离广播域

　　B．VLAN相互间通信要通过三层设备

　　C．可以限制网上的计算机互相访问的权限

　　D．只能在同一物理网络上的主机进行逻辑分组

2. 以下关于VLAN技术描述错误的是（　　）。

　　A．一个VLAN内的广播报文不会转发给其他VLAN内的计算机

　　B．可按照需要将有关设备和资源重新进行逻辑组合

　　C．采用路由技术可以实现不同VLAN之间的通信

　　D．可以在共享式集线器（Hub）上实现VLAN的配置

3. 以下哪个命令可以创建VLAN（　　）。

　　A．interface vlan　　　　　　　B．vlan create

　　C．vlan database　　　　　　　D．vlan id

4. 在Trunk链路中，以下哪种封装协议可以支持不同VLAN的通信（　　）。

　　A．ISL　　　B．802.1q　　　C．802.1d　　　D．802.3

任务12　配置生成树

任务情景

祥云公司由于交换机数量的增加和连接的复杂性，交换机之间具有冗余链路，冗余链路可能引起的问题比它能够解决的问题还要多。如果准备两条以上的路，就必然形成一个环路，交换机并不知道如何处理环路，只能周而复始地转发帧，形成一个"死环路"，这个死循环会造成整个网络处于阻塞状态，导致网络瘫痪。采用生成树协议（Spanning Tree Protocal，STP）可以避免环路。

本任务网络拓扑如图1-12-1所示。

拓扑说明：交换机2台、PC2台、Console线1根、网线6根。

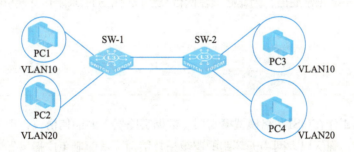

图1-12-1　网络拓扑

任务需求

1）按照图1-12-1搭建网络。

2）交换机端口规划见表1-12-1。

表1-12-1　交换机端口规划

SW-1　e1/0/23	SW-2　e1/0/23
SW-1　e1/0/24	SW-2　e1/0/24
PC1	SW-1　e1/0/1
PC2	SW-1　e1/0/11
PC3	SW-2　e1/0/1
PC4	SW-2　e1/0/11

如果多实例STP成功，则通过"show spanning-tree mst"命令观察到不同实例中Trunk端口链路的阻塞状况，实现VLAN10只通过23口，VLAN20只通过24口。用多实例生成树完成数据流量的负载均衡。

学习目标

- 了解生成树的作用及应用。
- 配置生成树。

任务分析

默认交换机所有端口属于VLAN1，并分别在两台交换机连接PC1和PC2进行测试，当没有在交换机上启用STP时，用两条网络连接两台交换机将导致广播风暴，交换机出现死机状态，PC1和PC2不能正常通信，因此必须在两台交换机启用STP来阻止交换机物理环路死机的现象。

预备知识

STP是一种工作在OSI网络模型第二层（数据链路层）的通信协议，用于防止交换机冗余链路产生环路，确保以太网中无环路的逻辑拓扑结构，从而避免广播风暴大量占用交换机的资源。

多生成树协议（Multiple Spanning Tree Protocol，MSTP）是IEEE 802.1s中定义的生成树协议，通过生成多个生成树，来解决以太网环路问题。在以太网中部署MSTP后可实现如下功能：形成多个无环路的生成树，解决广播风暴并实现冗余备份；多个生成树在VLAN间实现负载均衡，不同VLAN的流量按照不同的路径转发。

任务实施

第1步：正确连接网线，恢复出厂设置之后，配置交换机的VLAN信息，配置端口到VLAN的映射关系。

```
SW-1:
SW-1#config
SW-1（Config）#vlan 10
```

SW-1（Config-VLAN10）#switchport interface ethernet 1/0/1-10
Set the port Ethernet1/0/1 access vlan 10 successfully
Set the port Ethernet1/0/2 access vlan 10 successfully
Set the port Ethernet1/0/3 access vlan 10 successfully
Set the port Ethernet1/0/4 access vlan 10 successfully
Set the port Ethernet1/0/5 access vlan 10 successfully
Set the port Ethernet1/0/6 access vlan 10 successfully
Set the port Ethernet1/0/7 access vlan 10 successfully
Set the port Ethernet1/0/8 access vlan 10 successfully
Set the port Ethernet1/0/9 access vlan 10 successfully
Set the port Ethernet1/0/10 access vlan 10 successfully

SW-1（Config-VLAN10）#exit
SW-1（Config）#vlan 20
SW-1（Config-VLAN20）#switchport interface ethernet 1/0/11-20
Set the port Ethernet1/0/11 access vlan 20 successfully
Set the port Ethernet1/0/12 access vlan 20 successfully
Set the port Ethernet1/0/13 access vlan 20 successfully
Set the port Ethernet1/0/14 access vlan 20 successfully
Set the port Ethernet1/0/15 access vlan 20 successfully
Set the port Ethernet1/0/16 access vlan 20 successfully
Set the port Ethernet1/0/17 access vlan 20 successfully
Set the port Ethernet1/0/18 access vlan 20 successfully
Set the port Ethernet1/0/19 access vlan 20 successfully
Set the port Ethernet1/0/20 access vlan 20 successfully
SW-1（Config-VLAN20）#exit
SW-1（Config）#interface ethernet 1/0/23-24
SW-1（Config-If-Port-Range）#switchport mode trunk
Set the port Ethernet1/0/23 mode TRUNK successfully
Set the port Ethernet1/0/24 mode TRUNK successfully
SW-1（Config-If-Port-Range）#exit
SW-1（Config）#

SW-2：
SW-2#config
SW-2（Config）#vlan 10
SW-2（Config-VLAN10）#switchport interface ethernet 1/0/1-10
Set the port Ethernet1/0/1 access vlan 10 successfully
Set the port Ethernet1/0/2 access vlan 10 successfully
Set the port Ethernet1/0/3 access vlan 10 successfully

```
Set the port Ethernet1/0/4 access vlan 10 successfully
Set the port Ethernet1/0/5 access vlan 10 successfully
Set the port Ethernet1/0/6 access vlan 10 successfully
Set the port Ethernet1/0/7 access vlan 10 successfully
Set the port Ethernet1/0/8 access vlan 10 successfully
Set the port Ethernet1/0/9 access vlan 10 successfully
Set the port Ethernet1/0/10 access vlan 10 successfully
SW-2（Config-VLAN10）#exit
SW-2（Config）#vlan 20
SW-2（Config-VLAN20）#switchport interface ethernet 1/0/11-20
Set the port Ethernet1/0/11 access vlan 20 successfully
Set the port Ethernet1/0/12 access vlan 20 successfully
Set the port Ethernet1/0/13 access vlan 20 successfully
Set the port Ethernet1/0/14 access vlan 20 successfully
Set the port Ethernet1/0/15 access vlan 20 successfully
Set the port Ethernet1/0/16 access vlan 20 successfully
Set the port Ethernet1/0/17 access vlan 20 successfully
Set the port Ethernet1/0/18 access vlan 20 successfully
Set the port Ethernet1/0/19 access vlan 20 successfully
Set the port Ethernet1/0/20 access vlan 20 successfully
SW-2（Config-VLAN20）#exit
SW-2（Config）#interface ethernet 1/0/23-24
SW-2（Config-If-Port-Range）#switchport mode trunk
Set the port Ethernet1/0/23 mode TRUNK successfully
Set the port Ethernet1/0/24 mode TRUNK successfully
SW-2（Config-If-Port-Range）#exit
SW-2（Config）#
```

第2步：配置多实例生成树，在SW-1、SW-2上分别将VLAN10映射到实例1上；将VLAN20映射到实例2上。

```
SW-1：
SW-1（Config）# spanning-tree mst configuration
SW-1（Config-Mstp-Region）#name mstp
SW-1（Config-Mstp-Region）#instance 1 vlan 10
SW-1（Config-Mstp-Region）#instance 2 vlan 20
SW-1（Config-Mstp-Region）#exit
SW-1（Config）# spanning-tree
MSTP is starting now, please wait..........
MSTP is enabled successfully.
```

SW-2:
SW-2（Config）# spanning-tree mst configuration
SW-2（Config-Mstp-Region）#name mstp
SW-2（Config-Mstp-Region）#instance 1 vlan 10
SW-2（Config-Mstp-Region）#instance 2 vlan 20
SW-2（Config-Mstp-Region）#exit
SW-2（Config）# spanning-tree
MSTP is starting now, please wait...........
MSTP is enabled successfully.

第3步：在根交换机中配置端口在不同实例中的优先级，确保不同实例不会阻塞不同端口查找根交换机。

```
SW-1#show spanning-tree
            -- MSTP Bridge Config Info --

Standard        :   IEEE 802.1s
Bridge MAC      :   00:03:0f:0b:f8:12
Bridge Times    :   Max Age 20, Hello Time 2, Forward Delay 15
Force Version   :   3

######################### Instance 0 #########################
Self Bridge Id      :   32768 - 00:03:0f:0b:f8:12
Root Id             :   this switch
Ext.RootPathCost    :   0
Region Root Id      :   this switch
Int.RootPathCost    :   0
Root Port ID        :   0
Current port list in Instance 0:
..............................
```

从中可以看出，SW-1是根交换机，在根交换机上修改Trunk端口在不同实例中的优先级。

SW-1（Config）#interface ethernet 1/0/23
SW-1（Config-If-Ethernet1/0/23）#spanning-tree mst 1 port-priority 32
SW-1（Config-If-Ethernet1/0/23）#exit
SW-1（Config）#interface ethernet 1/0/24
SW-1（Config-If-Ethernet1/0/24）#spanning-tree mst 2 port-priority 32

SW-1（Config-If-Ethernet1/0/24）#exit
SW-1（Config）#

第4步：配置SW-2的环回（Loopback）端口，验证多实例生成树，配置SW-2上各VLAN所属Loopback端口，保证各VLAN在线。

SW-2（Config）#interface ethernet 1/0/1
SW-2（Config-If-Ethernet1/0/1）#loopback
SW-2（Config-If-Ethernet1/0/1）#exit
SW-2（Config）#interface ethernet 1/0/11
SW-2（Config-If-Ethernet1/0/11）#loopback
SW-2（Config-If-Ethernet1/0/11）#exit

用"show spanning-tree mst"命令观察各端口现象。

```
SW-1#show spanning-tree mst
########################## Instance 0 ##########################
vlans mapped    : 1-9;11-19;21-4094
Self Bridge Id  : 32768.00:03:0f:0b:f8:12
Root Id         : this switch
Root Times      : Max Age 20, Hello Time 2, Forward Delay 15 ,max hops 20
PortName        ID      ExtRPC      IntRPC       State Role   DsgBridge              DsgPort
-----------------------------------------------------------------------------------------
Ethernet1/0/1   128.001    0           0 FWD DSGN 32768.00030f0bf812 128.001
Ethernet1/0/11  128.009    0           0 FWD DSGN 32768.00030f0bf812 128.009
Ethernet1/0/23  128.023    0           0 FWD DSGN 32768.00030f0bf812 128.023
Ethernet1/0/24  128.024    0           0 FWD DSGN 32768.00030f0bf812 128.024
########################## Instance 1 ##########################
vlans mapped    : 10
Self Bridge Id  : 32768-00:03:0f:0b:f8:12
Root Id         : this switch
PortName        ID      IntRPC      State Role     DsgBridge              DsgPort
-----------------------------------------------------------------------------------------
Ethernet1/0/1   128.001      0 FWD DSGN 32768.00030f0bf812 128.001
Ethernet1/0/23  032.023      0 FWD DSGN 32768.00030f0bf812 032.023
Ethernet1/0/24  128.024      0 FWD DSGN 32768.00030f0bf812 128.024
########################## Instance 2 ##########################
vlans mapped    : 20
Self Bridge Id  : 32768-00:03:0f:0b:f8:12
Root Id         : this switch
PortName        ID      IntRPC      State Role     DsgBridge              DsgPort
```

Ethernet1/0/11	128.009	0	FWD	DSGN	32768.00030f0bf812	128.009	
Ethernet1/0/23	128.023	0	FWD	DSGN	32768.00030f0bf812	128.023	
Ethernet1/0/24	032.024	0	FWD	DSGN	32768.00030f0bf812	032.024	

SW-2（config）#sh spanning-tree mst

########################## Instance 0 ##########################

vlans mapped   : 1-9;11-19;21-4094
Self Bridge Id   : 32768.00:03:0f:0f:6e:ad
Root Id   : 32768.00:03:0f:0b:f8:12
Root Times   : Max Age 20, Hello Time 2, Forward Delay 15 ,max hops 19

PortName	ID	ExtRPC	IntRPC	State	Role	DsgBridge	DsgPort
Ethernet1/0/1	128.001	0	200000	FWD	DSGN	32768.00030f0f6ead	128.001
Ethernet1/0/11	128.009	0	200000	FWD	DSGN	32768.00030f0f6ead	128.009
Ethernet1/0/22	128.022	0	200000	FWD	DSGN	32768.00030f0f6ead	128.022
Ethernet1/0/23	128.023	0	0	FWD	ROOT	32768.00030f0bf812	128.023
Ethernet1/0/24	128.024	0	0	BLK	ALTR	32768.00030f0bf812	128.024

########################## Instance 1 ##########################

vlans mapped   : 10
Self Bridge Id   : 32768-00:03:0f:0f:6e:ad
Root Id   : 32768.00:03:0f:0b:f8:12

PortName	ID	IntRPC	State	Role	DsgBridge	DsgPort
Ethernet1/0/1	128.001	200000	FWD	DSGN	32768.00030f0f6ead	128.001
Ethernet1/0/23	128.023	0	FWD	ROOT	32768.00030f0bf812	032.023
Ethernet1/0/24	128.024	0	BLK	ALTR	32768.00030f0bf812	128.024

########################## Instance 2 ##########################

vlans mapped   : 20
Self Bridge Id   : 32768-00:03:0f:0f:6e:ad
Root Id   : 32768.00:03:0f:0b:f8:12

PortName	ID	IntRPC	State	Role	DsgBridge	DsgPort
Ethernet1/0/11	128.009	200000	FWD	DSGN	32768.00030f0f6ead	128.009
Ethernet1/0/23	128.023	0	BLK	ALTR	32768.00030f0bf812	128.023
Ethernet1/0/24	128.024	0	FWD	ROOT	32768.00030f0bf812	032.024

注意事项：MSTP仅仅是多个VLAN共享同一个拓扑实例，其作为生成树的形成过程与分析方法与传统生成树一致。

任务总结

通过本任务可以掌握生成树的配置方法并查看生成树的结果。

任务评价

请根据实际情况填写表1-12-2。

表1-12-2 评价表

评价内容	评价目的	标准		方式	学生自评	教师评价
配置交换机的VLAN信息，配置端口到VLAN的映射关系	检查掌握知识和技能的程度	正确（2分）	错误（0分）	任务满分为10分，根据完成情况评分		
使用命令配置交换机的多实例生成树		正确（2分）	错误（0分）			
使用命令查找根交换机		完成（3分）	未完成（0分）			
个人表现	评价参与学习任务的态度与能力，团队合作的情况等	3分				
合 计						

注：合计=学生自评占比40%+教师评价占比60%。

知识小测

单项选择题

1. 根交换机是具有（　　）的被选中交换机。

    A．最低MAC地址　　　　　　B．最高MAC地址

    C．最低交换机ID　　　　　　D．最高交换机ID

2. 选择用来为网段转发流量的交换机端口称为（　　）。

    A．根端口　　B．交替端口　　C．后备端口　　D．指定端口

3. 快速生成树协议（RSTP）中有（　　）种端口状态。

    A．3　　　　B．4　　　　C．5　　　　D．6

4. 为一个具有到达根交换机次优路径的端口会分配（　　）角色。

    A．根端口　　B．指定端口　　C．交替端口　　D．后备端口

任务13 配置交换机端口镜像

任务情景

在网络运营与维护的过程中,为了便于业务监测和故障定位,网络管理员时常要获取设备上的业务报文进行分析。

镜像可以在不影响设备对报文进行正常处理的情况下,将镜像端口的报文复制一份到观察端口。网络管理员通过网络监控设备就可以分析从观察端口复制过来的报文,判断网络中运行的业务是否正常。

本任务网络拓扑如图1-13-1所示。

拓扑说明:交换机1台、PC3台、Console线1根、网线3根。

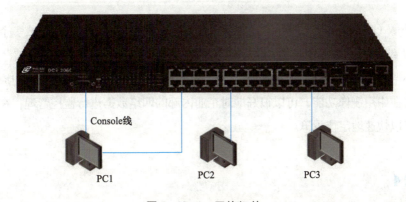

图 1-13-1 网络拓扑

任务需求

1)按照图1-13-1搭建网络。

2)PC网络设置见表1-13-1。

表1-13-1 PC网络设置

设备	IP	Mask	端口
PC1	192.168.1.101	255.255.255.0	e1/0/1
PC2	192.168.1.10	255.255.255.0	e1/0/2
PC3	192.168.1.100	255.255.255.0	e1/0/3

学习目标

◇ 掌握端口镜像技术的配置方法。

任务分析

端口镜像技术可以将一个源端口的数据流量完全镜像到另外一个目的端口进行实时分析。利用端口镜像技术，可以把源端口的数据流量完全镜像到指定端口中进行分析。镜像端口完全不影响源端口的工作。镜像端口的配置过程首先在全局模式下配置镜像端口，使用"show monitor"命令验证镜像端口配置；启动Wireshark抓包软件，查看捕捉到的数据包。

预备知识

端口镜像（Port Mirroring）功能通过在交换机或路由器上，将一个或多个源端口的数据流量转发到某一个指定端口来实现对网络的监听，指定端口称为"镜像端口"或"目的端口"，在不严重影响源端口正常吞吐流量的情况下，可以通过镜像端口对网络的流量进行监控分析。在企业中用镜像功能，可以很好地对企业内部的网络数据进行监控管理，在网络出故障的时候，可以快速地定位故障。

任务实施

第1步：交换机全部恢复出厂设置，配置镜像端口。

将端口2或者端口3的流量镜像到端口1。

```
SW-1（Config）#monitor session 1 source interface ethernet 1/0/2 ?
both             --Monitor received and transmitted traffic
rx               --Monitor received traffic only
tx               --Monitor transmitted traffic only
CR
SW-1（Config）#monitor session 1 source interface ethernet 1/0/2 both
SW-1（Config）#monitor session 1 destination interface ethernet 1/0/1
SW-1（Config）#
```

第2步：验证配置。

```
SW-1#show monitor
session number：1
Source ports：Ethernet1/0/2
RX：No
TX：No
Both：Yes
Destination port：Ethernet1/0/1


SW-1#
```

第3步：启动Wireshark，使PC2 PING PC3，看是否可以捕捉到数据包，如图1-13-2所示。

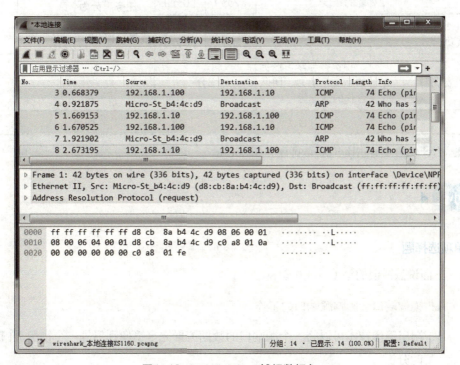

图1-13-2 Wireshark捕捉数据包

注意事项：

1）镜像端口不能是端口聚合组成员。

2）镜像端口的吞吐量如果小于源端口吞吐量的总和，则镜像端口无法完全复制源端口的流量；应减少源端口的个数或复制单向的流量，或者选择吞吐量更大的端口作为镜像端口。

任务总结

通过本任务可以掌握镜像端口的配置方法，以及如何使用Wireshark抓取数据包。

任务评价

请根据实际情况填写表1-13-2。

表1-13-2 评价表

评价内容	评价目的	标准		方式	学生自评	教师评价
使用命令将交换机恢复出厂设置	检查掌握知识和技能的程度	正确（2分）	错误（0分）	任务满分为10分，根据完成情况评分		
使用命令配置镜像端口		正确（2分）	错误（0分）			
使用命令验证是否配置成功		完成（3分）	未完成（0分）			
个人表现	评价参与学习任务的态度与能力，团队合作的情况等	3分				
合计						

注：合计=学生自评占比40%+教师评价占比60%。

知识小测

单项选择题

1. 下面说法错误的是（　　）。

   A．镜像端口会影响源端口的工作。

   B．端口镜像技术可以将一个源端口的数据流量完全镜像到另外一个镜像端口进行实时分析

   C．镜像端口的吞吐量如果小于源端口吞吐量的总和，则镜像端口无法完全复制源端口的流量

   D．镜像端口不能是端口聚合组成员

2. 镜像端口（　　）。

   A．只能收到源端口发送的数据

B．只能收到源端口接收的数据

C．可以收到源端口发送和接收的数据

D．只能收到源端口发送或接收的数据但不能同时收到

任务14 配置端口隔离

任务情景

祥云公司研发办公室员工分为本公司员工、A合作方公司员工和B合作方公司员工。公司希望在节省VLAN资源的前提下，实现本公司员工和A、B两个合作方公司之间可以相互通信，但是A、B两个合作方公司员工之间无法通信。

本任务网络拓扑如图1-14-1所示。

拓扑说明：交换机1台、PC 2台、Console线1根、网线2根。

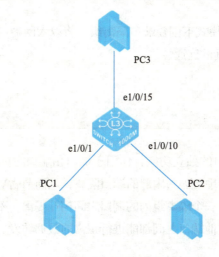

图1-14-1　网络拓扑

任务需求

1）按照图1-14-1搭建网络。

2）交换机端口规划见表1-14-1。

表1-14-1 交换机端口规划

设备	端口	IP地址
PC1	e1/0/1	192.168.1.1
PC2	e1/0/10	192.168.1.2
PC3	e1/0/15	192.168.1.254

要求在交换机上配置端口隔离后，交换机的e1/0/1和e1/0/10不连通，但e1/0/1、e1/0/10可以和上行端口e1/0/15连通。即所有下行端口之间不能连通，下行端口可以和指定的上行端口连通。

学习目标

- 了解端口隔离的概念。
- 掌握配置端口隔离的方法。

任务分析

配置PC的IP地址，全局模式下创建端口隔离组，将以太网端口添加进隔离组，检查端口隔离的配置命令，测试PC之间的连通性。

预备知识

端口隔离是一个基于端口的独立功能，作用于端口和端口之间，隔离相互之间的流量，利用端口隔离的特性，可以实现VLAN内部的端口隔离，从而节省VLAN资源，增加网络的安全性。配置端口隔离功能后，一个隔离组内的端口之间相互隔离，不同隔离组的端口之间或者不属于任何隔离组的端口与其他端口之间都能进行正常的数据转发。一台交换机上最多能够配置16个隔离组。

任务实施

第1步：配置PC的IP地址。

1）PC1的IP地址配置如图1-14-2所示。

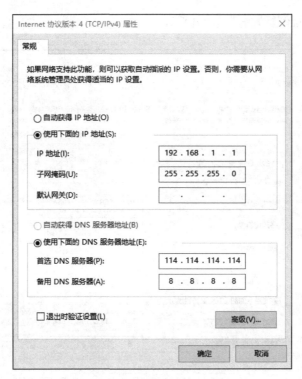

图1-14-2　PC1的IP地址配置

2）PC2的IP地址配置如图1-14-3所示。

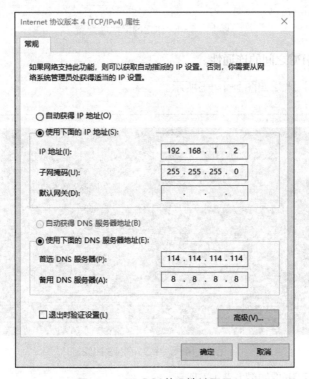

图1-14-3　PC2的IP地址配置

3）PC3的IP地址配置如图1-14-4所示。

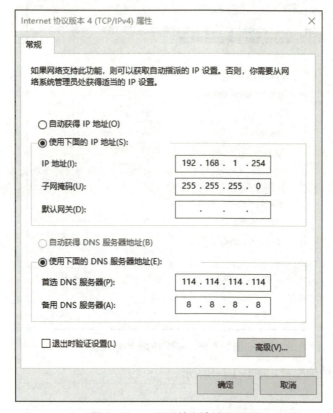

图1-14-4　PC3的IP地址配置

第2步：测试各PC之间的连通性。

1）PC1 PING PC2如图1-14-5所示。

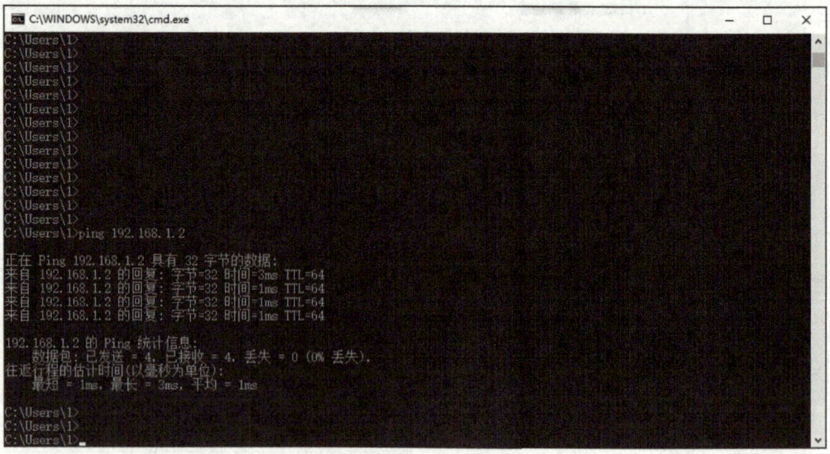

图1-14-5　PC1 PING PC2

2）PC1 PING PC3如图1-14-6所示。

图1-14-6　PC1 PING PC3

第3步：创建端口隔离。

Switch（config）#isolate-port group test

第4步：将以太网端口添加进隔离组。

SW（config）#isolate-port group test switchport interface ethernet 1/0/1;1/0/10

第5步：显示端口隔离的配置情况。

SW（config）#show isolate-port group test

第6步：测试连通性。

1）测试PC1与PC2的连通性如图1-14-7所示。

图1-14-7　测试PC1与PC2的连通性

2)测试PC1与PC3的连通性如图1-14-8所示。

图1-14-8 测试PC1与PC3的连通性

3)测试PC2与PC3的连通性如图1-14-9所示。

图1-14-9 测试PC2与PC3的连通性

1)创建隔离组,相关命令见表1-14-2。

表1-14-2 创建/删除隔离组命令

命令(全局配置模式)	解释
isolate-port group <WORD>	设置隔离组
no isolate-port group <WORD>	no操作将删除隔离组

2)将以太网端口添加进隔离组,相关命令见表1-14-3。

表1-14-3　以太网端口添加/删除进隔离组命令

命令（全局配置模式）	解释
isolate-port group <WORD> switchport interface [ethernet | port-channel] <IFNAME>	设置隔离组；将一个或一组以太网端口加入某个隔离组，成为该隔离组的隔离端口
no isolate-port group <WORD> switchport interface [ethernet |port-channel] <IFNAME>	删除隔离组

3）指定需要隔离的流量，相关命令见表1-14-4。

表1-14-4　隔离流量命令

命令（全局配置模式）	解释
isolate-port apply [<l2|l3|all>]	使端口隔离的配置应用于隔离2层流量、隔离3层流量或者隔离所有的流量

4）显示端口隔离的配置情况，见表1-14-5。

表1-14-5　显示端口隔离命令

命令（特权配置模式和全局配置模式）	解释
isolate-port apply [<l2|l3|all>]	显示端口隔离的相关配置，包括已经配置的隔离组和隔离组内的所有以太网端口

任务评价

请根据实际情况填写表1-14-6。

表1-14-6　评价表

评价内容	评价目的	标准		方式	学生自评	教师评价
配置PC的IP地址	检查掌握知识和技能的程度	正确（2分）	错误（0分）	任务满分为10分，根据完成情况评分		
创建端口隔离		正确（2分）	错误（0分）			
规定时间内，测试各PC之间的连通性		完成（3分）	未完成（0分）			
个人表现	评价参与学习任务的态度与能力，团队合作的情况等	3分				
合　　计						

注：合计=学生自评占比40%+教师评价占比60%。

知识小测

单项选择题

1. 关于端口隔离，下列说法错误的是（　　）。

    A．端口隔离是一个基于端口的独立功能，作用于端口和端口之间

    B．可以实现VLAN内部的端口隔离

    C．配置端口隔离功能后，一个隔离组内的端口之间相互隔离，不同隔离组的端口之间或者不属于任何隔离组的端口与其他端口之间都能进行正常的数据转发

    D．一台交换机上最多能够配置5个隔离组

2. 下列报文解释不正确的是（　　）。

    A．设置隔离组的命令是"isolate-port group <WORD>"

    B．可在特权模式下设置隔离组

    C．端口隔离可以指定需要隔离的流量为3层流量或2层流量

    D．显示端口隔离配置情况的命令是"show isolate-port group [<WORD>]"

3. 下列说法错误的是（　　）。

    A．同一个隔离组的端口之间不能互相访问

    B．不同的隔离组端口之间可以互相访问

    C．隔离端口和非隔离端口不可以互相访问

    D．隔离端口仅在交换机本地实现隔离，跨交换机无法实现隔离

任务15　配置环路检测功能

任务情景

祥云公司新建分支网络需要接入到汇聚交换机，新建网络可能因连接或配置错误而产生环路，进而影响接入交换机及其上行网络的通信。

用户希望能在接入交换机上及时检测到新建分支网络中的环路，防止环路对接入交换机及其上行网络的冲击。

本任务网络拓扑如图1-15-1所示。

拓扑说明：交换机2台、Console线1根、网线2根。

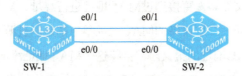

图1-15-1　网络拓扑图

任务需求

1）按照图1-15-1搭建网络。

2）交换机端口规划见表1-15-1。

表1-15-1　交换机端口规划

SW-1　e1/0/1	SW-2　e1/0/1
SW-1　e1/0/2	SW-2　e1/0/2

交换机检测网络拓扑中是否存在环路情况，在交换机与外部网络连接的端口上启动端口环路检测功能。如果外部网络中存在环路的情况，交换机就会提示下行的网络存在环路，并将交换机上的这个端口进行控制，以免影响整个网络的正常工作。

学习目标

- 了解环路检测的技术原理。
- 了解环路检测的适用场景。
- 掌握网络设备环路检测的配置及分析。

任务分析

配置环路检测的时间间隔，启动端口环路检测，配置端口环路控制方式，配置环路检测受控方式为自动恢复。

预备知识

1．环路检测描述

随着交换机的发展，越来越多用户通过以太网交换机接入网络。在企业网中，用户通过二层以太网交换机接入网络，他们不仅有上互联网的需求，同时也有内部二层互通的需求。当用户需要二层互通时，报文的转发直接通过MAC地址进行寻址，MAC地址的正确与否决定着用户之间是否能够正确互通。二层设备的MAC地址学习都是通过源MAC地址学习来进行的。当端口收到一个未知源MAC地址的报文时，会将这个MAC地址添加到接收端口上，以便后续以该MAC地址为目的的报文能够直接转发，即一次学习，多次转发。

如果发现新MAC地址已经学习到了二层设备上，而源端口不一样，会修改原来MAC地址的源端口，也就是将原来的MAC地址移动到新的端口上来。因此当链路上存在环路情况时，最后会发现整个二层网络中的所有的MAC地址都移动到了存在环路的端口上（大多的情况是MAC地址频繁在不同端口间切换），导致二层网络瘫痪。因此在网络中进行环路检测非常必要，且具有重要的意义。

2．环路检测机制

为了能够及时发现二层网络中的环路，以避免对整个网络造成严重影响，需要提供一种检测机制，使网络中出现环路时能及时通知用户检查网络连接和配置情况，并能自动关闭出问题的端口以消除环路，这种机制就是环路检测机制。

当网络中出现环路时，环路检测机制发送告警信息通知用户，同时还可根据用户事先的配置对出现环路的端口采取相应的动作。

3．环路检测原理

通过在设备的端口上发送一种特殊的报文，并检测该报文是否能够从本设备端口送回来，来确定这个端口下游是否存在环路情况。

网络是一个随时都有可能存在变动的对象，因此环路检测是一个持续的过程，也就是说，在设备上需要每隔一定时间间隔进行一次检测，来确定各个端口上是否存在环路，以及上次发现存在环路的端口上环路是否已经消失等情况。

4．环路检测的两种形式

（1）单臂环回　对于单臂环回来说，当在交换机端口上配置了端口环路检测命令之后，这时交换机会按照配置发出源MAC地址的探测报文。假设端口发出探测报文后，当下游有环路时，则报文会被环回来，端口收到环回的报文后会将报文的源MAC与自己的CPU MAC地址进行对比，如果对比一致，则证明是该报文是自己发出的。单臂环回的主要应用场景有如下两种：

1）在网络部署的过程中，经常出现端口发送-接收自环的问题，比如光纤插错、接口被高压击坏等情况，如图1-15-2所示。

2)另一种情况是交换机连接的外部网络发生环路,使从端口发出的报文经过外部网络后环回至本端口,如图1-15-3所示。

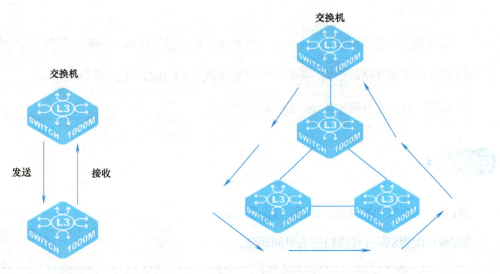

图1-15-2 端口发送-接收自环　　　　　　图1-15-3 经外部网络后环回

(2)双臂环回　双臂环回是从端口发出探测报文后,探测报文经过了下游交换机之后从本设备的另一个端口环回到本交换机,如图1-15-4所示。

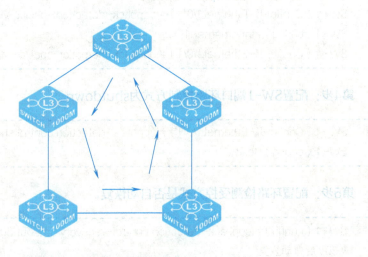

图1-15-4 双臂环回

5．环路检测优缺点

(1)技术特色

1)可单独配置,不依赖其他协议。

2）主要用于检测端口发送-接收自环、下挂集线器（HUB）成环以及下挂网络成环。

3）支持和其他联网协议配置在同一个端口。

（2）应用限制

1）需要通过发送检测报文，如果检测大量端口和VLAN较多，会增加系统CPU的负担。

2）对下挂网络环路的检测，不建议光纤宽带接入（QinQ）技术场景使用。

3）对于下挂网络环路的检测，检测时间较长。

任务实施

第1步：两台交换机互联，如图1-15-1所示。

第2步：配置SW-1环路检测的时间间隔。

```
SW-1（config）#loopback-detection interval-time 35 15
```

第3步：启动SW-1端口环路检测。

```
SW-1（config）#int ethernet 1/0/1
SW-1（Config-If-Ethernet1/0/1）#loopback-detection special-vlan 1
SW-1（config）#int ethernet 1/0/2
SW-1（Config-If-Ethernet1/0/1）#loopback-detection special-vlan 1
```

第4步：配置SW-1端口环路控制方式为shutdown。

```
SW-1（Config-If-Ethernet1/0/1）#loopback-detection control shutdown
SW-1（config）#exit
```

第5步：配置环路检测受控方式是否自动恢复。

```
SW-1（config）#loopback-detection control-recovery timeout 30
// 30s 后自动恢复
```

任务总结

1）配置环路检测的时间间隔，相关命令见表1-15-2。

表1-15-2　配置环路检测的时间间隔命令解释

命令（全局配置模式）	解释
loopback-detection interval-time <loopback> <no-loopback>	设置环路检测的时间间隔
no loopback-detection interval-time	恢复环路检测的时间间隔

2）启动端口环路检测功能，相关命令见表1-15-3。

表1-15-3　启动端口环路检测命令解释

命令（端口配置模式）	解释
loopback-detection specified-vlan <vlan-list>	启动端口环路检测功能
no loopback-detection specified-vlan <vlan-list>	关闭端口环路检测功能

3）配置端口环路控制方式，相关命令见表1-15-4。

表1-15-4　配置端口环路控制命令解释

命令（端口配置模式）	解释
loopback-detection control {shutdown| block| learning }	打开端口的环路检测受控功能
no loopback-detection control	关闭端口的环路检测受控功能

4）显示和调试端口环路检测相关信息，相关命令见表1-15-5。

表1-15-5　显示和调试端口环路检测命令解释

命令（特权配置模式）	解释
debug loopback-detection	打开端口环路检测功能模块的调试信息
no debug loopback-detection	关闭调试信息输出介绍
show loopback-detection [interface <interface-list>]	不输入参数则显示所有端口的环路检测状态和检测结果，输入参数则显示相应端口的状态和结果

5）配置环路检测受控方式是否自动恢复，相关命令见表1-15-6。

表1-15-6　配置环路检测受控方式是否自动恢复命令解释

命令（全局配置模式）	解释
loopback-detection control-recovery timeout <0-3600>	配置环路检测受控方式是否自动恢复或者恢复的时间间隔

请根据实际情况填写表1-15-7。

表1-15-7 评价表

评价内容	评价目的	标准		方式	学生自评	教师评价
使用命令配置SW-1环路检测的时间间隔	检测掌握知识和技能的程度	正确（2分）	错误（0分）	任务满分为10分，根据完成情况评分		
使用命令启动SW-1端口环路检测		正确（2分）	错误（0分）			
配置环路检测受控方式是否自动恢复		完成（3分）	未完成（0分）			
个人表现	评价参与学习任务的态度与能力，团队合作的情况等	3分				
合　计						

注：合计=学生自评占比40%+教师评价占比60%。

知识小测

单项选择题

1. 在网络中启用环路检测功能的主要目的是（　　）。

　　A．提高网络传输速度　　　　　　B．防止网络广播风暴

　　C．增加网络的安全性　　　　　　D．自动分配IP地址

2. （　　）通常用于实现环路检测。

　　A．ARP　　　　B．STP　　　　C．DHCP　　　　D．ICMP

3. 在配置环路检测时，如果检测到环路，交换机会（　　）。

　　A．增加端口速率　　　　　　　　B．重启交换机

　　C．禁用相关端口　　　　　　　　D．忽略并继续操作

Unit 2

单元 2

配置路由器

单元概述

本单元主要介绍在现代企业中广泛应用的路由器设备的配置方法及常用的路由技术、理念。除基础的路由器基本配置、监视与维护操作、远程监控（RMON）之外，网络管理人员还需理解并掌握一些更贴近实际需求的应用技术，如分组数据协议（PDP）网络设备发现功能、直连路由、静态路由等。通过本单元的学习，学生需要掌握路由器基本管理、配置路由器端口、配置静态路由等7个任务的知识。

任务1 路由器基本管理

任务情景

某系统集成公司承接了祥云公司的网络改造项目，对业务网络进行IP地址段划分工作已经完成。路由器设备开始进场安装调试，现需要对路由器完成基本功能配置。

本任务网络拓扑如图2-1-1所示。

拓扑说明：路由器1台、PC1台、Console线1根、网线1根。

图2-1-1　网络拓扑

任务需求

1）按照图2-1-1搭建网络。

2）设备端口规划见表2-1-1。

表2-1-1　端口规划

端口	IP地址
RT1/G0/3	192.168.1.2
PC1	192.168.1.1

3）PC通过Console登录路由器进行初始配置。

4）PC通过Telnet管理路由器。

学习目标

- 掌握使用Console登录路由器的方法。
- 掌握通过Telnet管理路由器的方法。
- 掌握路由器的命令行模式以及相关模式的配置。

任务分析

作为网络管理人员，拿到一台路由器后首先需要使用Console线对路由器进行初始配置，修改主机名。然后需要为路由器配置IP地址，为了网络设备的安全性，要及时创建用户名和密码，通过Telnet远程管理路由器，便于以后维护。

预备知识

路由器和交换机有许多相似之处，它们都支持相似模式的操作系统、有相似的命令结构以及许多相同的命令。此外，两种设备采用相似的初始配置步骤，掌握了交换机的基础配置，路由器就能很容易快速上手。

任务实施

PC通过Console登录路由器，进行初始配置：

第1步：打开SecureCRT软件，新建一个连接，选择连接方式为Serial，将Baud rate（波特率）设置为与设备相匹配的9600，如图2-1-2所示。

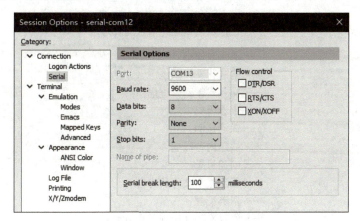

图2-1-2　设置连接参数

第2步：单击"ok"按钮，连接路由器，按<Enter>键进入用户配置界面，如图2-1-3所示。

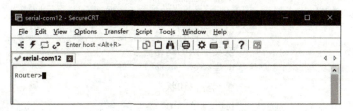

图2-1-3　用户配置界面

第3步：输入"enable"并按<Enter>键，进入特权模式，输入"？"查看当前模式下的可用命令。

```
Router>enable
Router#?
    cd              -- 改变当前目录
    chinese         -- 中文帮助信息
    chmem           -- 修改系统内存数据
    chram           -- 修改内存数据
    clear           -- 清除
    config          -- 进入配置态
    connect         -- 打开一个向外的连接
    copy            -- 复制配置方案或内存映像
    debug           -- 分析功能
    delete          -- 删除一个文件
    dir             -- 显示闪存中的文件
    disconnect      -- 断开活跃的网络连接
    download        -- 通过ZMODEM协议下载文件
```

```
        enable                      -- 进入特权方式
        english                     -- 英文帮助信息
        enter                       -- 进入特权方式
        exec-script                 -- 在指定端口运行指定的脚本
        exit                        -- 退回或退出
        format                      -- 格式化文件系统
        help                        -- 交互式帮助系统描述
        history                     -- 查看历史
        keepalive                   -- 保活探测
        look                        -- 显示内存数据
        md                          -- 创建目录
        more                        -- 显示某个文件的内容
        no                          -- 取消配置
        pad                         -- 通过X.29注册到远程节点
        ping                        -- 测试网络状态
        pwd                         -- 显示当前目录
        rd                          -- 删除一个目录
        reboot                      -- 重启路由器
        rename                      -- 改变文件名
        reset                       -- 重置配置和状态
        resume                      -- 恢复活跃的网络连接
        rlogin                      -- 远程登录
        show                        -- 显示配置和状态
        ssh                         -- 打开一个ssh连接
        telnet                      -- 打开一个telnet连接
        terminal                    -- 设置终端参数
        traceroute                  -- 跟踪到目的地的路由
        upload                      -- 通过ZMODEM协议上载文件
        where                       -- 显示所有向外的Telnet连接
        write                       -- 保存当前配置
    Router#
```

第4步：进入全局配置模式，修改路由器主机名。

```
        Router#config                       //进入全局配置模式
        Router_config#
        Router_config#hostname RT1          //修改主机名为RT1
        RT1_config#
```

注意事项：

1）查看连接的端口是否设置正确。

2）查看波特率是否设置正确。

PC通过Telnet管理路由器：

第1步：基础环境配置。

1）路由器恢复出厂设置。

```
RT1#delete
RT1#reboot
```

2）设置路由器端口IP。

```
RT1_config#interface G0/3                              //进入端口配置模式
RT1_config_g0/3#ip address 192.168.1.2 255.255.255.0   //配置IP地址
```

第2步：创建登录用户，创建enable密码。

1）创建用户。

```
RT1_config#username test password 123456   //设置本地用户名和密码
```

2）创建enable密码。

```
RT1_config#enable password 0 123456
```

第3步：设置验证方式为本地验证，在终端线路上启用登录。

1）设置验证用户身份（aaa认证）方式为本地认证。

```
RT1_config#aaa authentication login default local
```

2）设置enable密码认证，密码设置为enable。

```
RT1_config#aaa authentication enable default enable
```

3）在终端线路上启用登录。

```
RT1_config#line  vty 0 4
RT1_config_line#login authentication default
```

第4步：测试结果与分析。

1）在SecureCRT上新建Telnet登录，为主机的RT1/G0/3端口设置IP地址。

2）输入用户名、密码后登录成功，如图2-1-4所示。

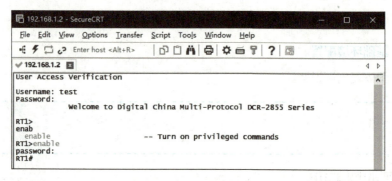

图2-1-4 登录路由器

注意事项:

1)在全局配置模式下设置aaa认证方式。

2)如果不能进行Telnet登录,查看是否设置了enable密码。

配置文档:

hostname RT1
!
aaa authentication login default local
aaa authentication enable default enable
!
username test password 0 123456
!
enable password 0 123456 level 15
!
interface GigaEthernet0/3
 ip address 192.168.1.2 255.255.255.0
 no ip directed-broadcast
!

任务总结

通过本任务可以掌握通过Console登录路由器进行初始配置的方法,并了解Telnet带外管理方式,实现路由器的远程管理。

任务评价

请根据实际情况填写表2-1-2。

表2-1-2 评价表

评价内容	评价目的	标准		方式	学生自评	教师评价
使用命令恢复路由器的出厂设置	检查掌握知识和技能的程度	正确（2分）	错误（0分）	任务满分为10分，根据完成情况评分		
使用Console登录路由器，修改主机名		正确（2分）	错误（0分）			
规定时间内，完成路由器远程管理配置并测试成功		完成（3分）	未完成（0分）			
个人表现	评价参与学习任务的态度与能力，团队合作的情况等	3分				
合计						

注：合计=学生自评占比40%+教师评价占比60%。

知识小测

单项选择题

1. 进入路由器的波特率是（　　）。

   A. 115200　　B. 4800　　C. 9600　　D. 14400

2. Telnet登录的端口号是（　　）。

   A. 21　　B. 22　　C. 23　　D. 24

3. （　　）模式是用户模式。

   A. monitor#　　　　　　　　B. Router>

   C. Router#　　　　　　　　D. Router_config#

任务2　路由器的监视与维护

任务情景

某系统集成公司承接了祥云公司的网络改造项目，对业务网络进行IP地址段划分工作已经完成。更新的网络设备开始进场安装调试，为了兼容新增加的网络设备，现需要对原来的路由器进行操作系统升级。

本任务网络拓扑如图2-2-1所示。

拓扑说明：路由器1台、PC1台、Console线1根、网线1根。

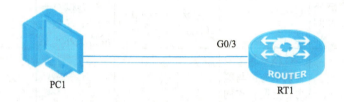

图2-2-1 网络拓扑

任务需求

1）按照图2-2-1搭建网络。

2）设备端口规划见表2-2-1。

表2-2-1 端口规划

端口	IP地址
RT1/ G0/3	192.168.1.2/24
PC1	192.168.1.1/24

3）PC通过简易文件传送协议（TFTP）备份和升级路由器操作系统。

4）进入用户监控模式下删除配置文件，清除密码。

学习目标

- 掌握通过TFTP备份和升级路由器操作系统的方法。
- 掌握路由器的密码清除方法。

任务分析

随着设备的更新迭代，作为网络管理人员，掌握路由器IOS备份和升级是必备技能之一。首先要给路由器配置和TFTP服务器相同网段的IP地址，然后准备好镜像IOS文件。在路由器使用过程中，经常会碰到忘记登录密码的情况，清除密码就显得尤为重要。

在维护路由器备份或升级IOS镜像时，时常会用到TFTP服务。TFTP是用来下载远程文件的最简单的网络协议，它基于UDP而实现。使用TFTP传送文件时，需要服务端和客户端。

第1步：通过TFTP备份路由器操作系统。

1）设置路由器端口IP地址。

```
RT1_config#interface gigaEthernet 0/3
RT1_config_g0/3#ip address 192.168.1.2 255.255.255.0
```

2）查看路由器闪存中的文件。

```
RT1#dir
Directory of /:
0    DCR-2655_1.3.3H.bin    <FILE>    5529656    Tue Jan  1 00:27:45 2002
1    startup-config         <FILE>         798   Tue Jan  1 00:37:58 2002
free space 11206656
```

3）将操作系统备份至TFTP服务器。

```
RT1#copy flash: tftp: 192.168.1.1
Source file name[]?DCR-2655_1.3.3H.bin
Destination file name[DCR-2655_1.3.3H.bin]?
```

4）查看TFTP根目录，镜像已成功上传至根目录。

第2步：通过TFTP更新路由器操作系统。

1）准备一个镜像文件至TFTP根目录。

2）通过Console连接上路由器，输入命令"dir"查看当前文件。

```
RT1#dir
Directory of /:
0    DCR-2655_1.3.3H.bin    <FILE> 5529656    Tue Jan  1 00:27:45 2002
1    startup-config         <FILE>      798   Tue Jan  1 00:37:58 2002
free space 11206656
```

3）输入相关命令将TFTP根目录下的镜像传递到路由器RT1中。

```
RT1#copy tftp: flash: 192.168.1.1
Source file name[]?DCR-2655_1.3.3H2.bin
Destination file name[DCR-2655_1.3.3H2.bin]
```

4）删除原先操作系统，保存配置后重启。

```
RT1#delete DCR-2655_1.3.3H.bin
this file will be erased,are you sure?(y/n)y
RT1#write
RT1#reboot
```

5）查看闪存文件，原操作系统已被替换。

```
RT1#dir
Directory of /:
1    startup-config              <FILE>       798      Tue Jan  1 01:33:30 2002
2    DCR-2655_1.3.3H2.bin        <FILE>       5529656  Tue Jan  1 01:32:50 2002
free space 11206656
RT1#
```

第3步：路由器的密码清除。

1）重启路由器，在开机界面按住<Ctrl+Break>组合键，进入系统监控模式。

```
System Bootstrap, Version 0.4.5
Serial num:8IRTJ710IA29000124, ID num:111183
Copyright 2016 by Digital China Networks(BeiJing) Limited
DCR-2626 SERIES 2626
PLEASE WAIT SYSTEM cHEcK RAM...
CHEcK RAM OK
WELCOME TO DCR MULTI-PROTOcOL 2626 SERIES ROUTER
monitor#
```

2）在用户监控模式下，输入"delete startup-config"命令，删除路由器的配置文件，输入"reboot"重启路由器。

```
monitor#delete startup-config
monitor#reboot
```

3）不需要密码，成功进入路由器中。

```
Router>enable
Router#
```

 任务总结

通过本任务可以了解路由器如何通过TFTP备份和还原操作系统来进行维护。路由器配置文件的备份和还原与交换机操作步骤一样，本任务不再赘述。当用户忘记密码不能进入路由器正常使用时，可进入用户监控模式，删除路由器的配置文件，清除密码。

任务评价

请根据实际情况填写表2-2-2。

表2-2-2 评价表

评价内容	评价目的	标准		方式	学生自评	教师评价
使用TFTP完成路由器IOS的备份	检查掌握知识和技能的程度	正确（2分）	错误（0分）	任务满分为10分，根据完成情况评分		
使用TFTP完成路由器IOS的更新升级		正确（2分）	错误（0分）			
完成路由器的密码清除		完成（3分）	未完成（0分）			
个人表现	评价参与学习任务的态度与能力，团队合作的情况等	3分				
合　　计						

注：合计=学生自评占比40%+教师评价占比60%。

 知识小测

单项选择题

1．查看有哪些设备接入路由器的命令是（　　）。

  A．show ip route   B．show line

  C．show ip interface   D．show running-config

2. 进入路由器的用户监控模式需要按下（　　）组合键。

　　A．〈Ctrl+B〉　　　B．〈Ctrl+C〉　　　C．〈Ctrl+Break〉　　D．〈Esc〉

3. 以下（　　）操作是更新路由器的操作系统。

　　A．复制最新的bin文件到路由器中

　　B．复制startup-config文件到路由器中

　　C．删除原先的bin文件后再将新的bin文件复制进来并保存

　　D．以上操作均不是正确操作

任务3　配置远程网络监控

任务情景

某系统集成公司承接了祥云公司的网络改造项目，对业务网络进行IP地址段划分工作已经完成。祥云公司提出新的业务需求，希望可以在服务器上通过SNMP服务实现对网络设备的监控，现需要对路由器配置远程网络监控。

本任务网络拓扑如图2-3-1所示。

拓扑说明：路由器1台、PC1台、Console线1根、网线2根、服务器1台。

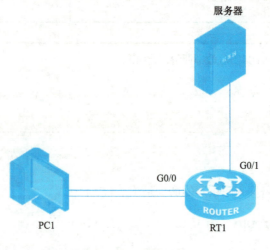

图2-3-1　网络拓扑

单元2 配置路由器

任务需求

1）按照图2-3-1搭建网络。

2）设备端口规划见表2-3-1。

表2-3-1 端口规划

端口	IP地址
RT1/ G0/0	192.168.1.2/24
RT1/ G0/1	192.168.2.2/24
PC1	192.168.1.1/24
服务器	192.168.2.1/24

3）在服务器上建立完SNMP服务的前提下，设置RMON相关的表项。

学习目标

- 了解RMON的技术原理。
- 掌握RMON的配置过程。

任务分析

为了实现对路由器的远程网络监控，首先需要开启路由器RMON告警功能，然后创建RMON事件，在路由器端口开启RMON历史功能和RMON统计功能。

预备知识

RMON主要实现了统计和告警功能，用于网络中管理设备对被管理设备的远程监控和管理。SNMP是RMON实现的基础，RMON使用SNMP陷阱报文发送机制向管理设备发送消息告知告警变量的异常。

任务实施

第1步：基础环境配置。

1）路由器恢复出厂设置。

```
RT1#delete
RT1#reboot
```

2）给路由器端口配置IP地址。

```
RT1_config#interface G0/0
RT1_config_G0/0#ip address 192.168.1.2 255.255.255.0
RT2_config#interface G0/1
RT2_config_G0/1#ip address 192.168.2.2 255.255.255.0
```

第2步：设置RMON相关表项。

1）配置路由器RMON告警功能。

```
RT1_config#rmon alarm 1 sysmib 1 delta rising-threshold 10 10 falling-threshold 10
    //增加一个RMON告警表项，设置索引号为1，指定一个有效的MIB对象，设置取样间隔，使用delta
来监测连续两次取样之间MIB对象值的变化，最后设置到达阈值时产生事件的索引和产生报警的阈值
```

2）配置路由器RMON事件功能。

```
RT1_config#rmon event 1    //创建一个RMON事件，索引值为1
```

3）配置路由器RMON统计功能。

```
RT1_config#interface gigaEthernet 0/0
RT1_config_g0/0#rmon collection stats 1 owner sysmib
//在接口下开启RMON统计功能
```

4）配置路由器RMON历史功能。

```
RT1_config#interface gigaEthernet 0/0
RT1_config_g0/0#rmon collection history 1       //在接口下开启RMON历史功能
```

配置文档：

```
hostname RT1
!
interface GigaEthernet0/0
ip address 192.168.1.2 255.255.255.0
no ip directed-broadcast
rmon collection stats 1 owner sysmib
rmon collection history 1
    !
interface GigaEthernet0/1
ip address 192.168.2.2 255.255.255.0
no ip directed-broadcast
!
rmon alarm 1 sysmib 1 delta rising-threshold 10 10 falling-threshold 10
rmon event 1
```

通过本任务可以掌握如何配置路由器RMON告警功能、如何配置路由器RMON事件功能、如何配置路由器RMON统计功能、如何配置路由器RMON历史功能。

请根据实际情况填写表2-3-2。

表2-3-2　评价表

评价内容	评价目的	标准		方式	学生自评	教师评价
使用命令恢复路由器出厂设置	检查掌握知识和技能的程度	正确（2分）	错误（0分）	任务满分为10分，根据完成情况评分		
配置路由器端口IP地址		正确（2分）	错误（0分）			
规定时间内，完成路由器RMON表项设置		完成（3分）	未完成（0分）			
个人表现	评价参与学习任务的态度与能力，团队合作的情况等	3分				
合　　计						

注：合计=学生自评占比40%+教师评价占比60%。

单项选择题

1．以下是对RMON下的（　　）的描述"对指定的告警变量进行监视，当被监视数据的值在相应的方向上超过定义的阈值时会产生告警事件，然后按照事件的定义进行相应的处理。"

　　　A．历史组　　　　B．告警组　　　　C．事件组　　　　D．统计组

2．在路由器端口启用RMON历史功能的命令是（　　）。

　　　A．rmon collection history　　　　B．rmon collection stats

　　　C．rmon event　　　　D．show rmon

3. 以下说法不正确的是（　　）。

　　A．RMON与SNMP框架相兼容

　　B．RMON不兼容SNMP框架

　　C．RMON是一种高效管理子网的手段

　　D．RMON能够减少网络管理系统（NMS）与代理间的通信流量

任务4　配置PDP网络设备发现功能

任务情景

某系统集成公司承接了祥云公司的网络改造项目，对业务网络进行IP地址段划分工作已经完成。路由器设备开始进场安装调试，为便于以后的设备维护，现需要对路由器配置网络设备发现功能。

本任务网络拓扑如图2-4-1所示。

拓扑说明：路由器2台、PC1台、Console线1根、网线2根。

图2-4-1　网络拓扑

任务需求

1）按照图2-4-1搭建网络。

2）设备端口规划见表2-4-1。

表2-4-1　端口规划

端口	IP地址
RT1/ G0/3	192.168.2.1/24
RT2/ G0/3	192.168.2.2/24

3）两台路由器启用分组数据协议（PDP），路由器之间成功建立邻居关系。

学习目标

- 掌握PDP的配置方法。

任务分析

作为网络管理人员，拿到路由器后首先需要检查路由器配置，恢复出厂设置。然后需要配置路由器IP地址，确保两台路由器间可以通信。在全局模式下启用PDP，设置相关参数，在互连的端口开启PDP，再查看PDP邻居建立情况，若建立成功则配置正确。

预备知识

PDP是专门用于发现网络设备的二层协议，用于网管程序发现已知设备的所有邻居。

使用PDP能够学到邻居设备的设备类型和SNMP代理地址。通过PDP发现邻居设备，网管程序能够用SNMP询问邻居设备以获得网络拓扑结构。

任务实施

第1步：基础环境配置。

1）路由器恢复出厂设置。

```
RT1#delete
RT1#reboot
```

2）给路由器端口配置IP地址。

```
RT1_config#interface G0/3
RT1_config_G0/3#ip address 192.168.2.1 255.255.255.0
RT2_config#interface G0/3
RT2_config_G0/3#ip address 192.168.2.2 255.255.255.0
```

第2步：启用PDP并进行相关配置。

1）在全局配置模式下启用PDP。

```
RT1_config#pdp run
RT2_config#pdp run
```

2）设置PDP相关参数。

```
RT1_config#pdp timer 5    //配置PDP发送报文的频率为5秒
RT1_config#pdp holdtime 10   //配置PDP信息保存时间为10秒
RT2_config#pdp timer 5
RT2_config#pdp holdtime 10
```

3）在端口配置模式下开启PDP。

```
RT1_config_G0/3#pdp enable
RT2_config_G0/3#pdp enable
```

第3步：测试结果，查看PDP邻居建立情况，如图2-4-2所示。

```
RT1_config#show pdp neighbor
Capability Codes: R - Router, T - Trans Bridge, B - Source Route Bridge
                  S - Switch, H - Host, I - IGMP, r - Repeater

Device-ID    Local-Intf   Hidtme   Port-ID    Platform          Capability
RT2          Gig0/3       5        Gig0/3     BDCOM (null), Cavi R
RT1_config#
```

图2-4-2　PDP邻居建立情况

注意事项：需在端口配置模式下开启PDP。

配置文档：

```
hostname RT1
pdp run
pdp holdtime 10
pdp timer 5
interface GigaEthernet0/3
```

```
 ip address 192.168.2.1 255.255.255.0
 no ip directed-broadcast
 pdp enable
!

hostname RT2
pdp run
pdp holdtime 10
pdp timer 5
interface GigaEthernet0/3
 ip address 192.168.2.2 255.255.255.0
 no ip directed-broadcast
 pdp enable
!
```

任务总结

通过本任务可以掌握如何设置PDP的相关参数，如何在端口配置模式下开启PDP，用于发现邻居设备，获得网络拓扑结构。

任务评价

请根据实际情况填写表2-4-2。

表2-4-2 评价表

评价内容	评价目的	标准		方式	学生自评	教师评价
使用命令恢复路由器出厂设置	检查掌握知识和技能的程度	正确（2分）	错误（0分）	任务满分为10分，根据完成情况评分		
路由器接口配置IP地址		正确（2分）	错误（0分）			
规定时间内，完成路由器PDP配置并测试成功		完成（3分）	未完成（0分）			
个人表现	评价参与学习任务的态度与能力，团队合作的情况等	3分				
合　　计						

注：合计=学生自评占比40%+教师评价占比60%。

知识小测

单项选择题

1. PDP是用于（　　）的二层协议。

    A．发现网络设备　　　　　　B．传递路由信息

    C．收集数据信息　　　　　　D．保存接口历史

2. 以下有关PDP的说法是错误的是（　　）。

    A．能够通过询问邻居来获取网络拓扑　　B．通常用于发现已知设备的所有邻居

    C．PDP不能用于PPP上　　　　　　　　D．PDP是个二层协议

3. 在全局配置模式下启用PDP的命令是（　　）。

    A．pdp enable

    B．pdp run

    C．aaa authentication ppp default local

    D．pdp holdtime

任务5　配置路由器端口

任务情景

某系统集成公司承接了祥云公司的网络改造项目，对业务网络进行IP地址段划分工作已经完成。路由器设备开始进场安装调试，现需要对路由器端口进行相关配置，以满足网络拓扑需求。

本任务网络拓扑如图2-5-1所示。

拓扑说明：路由器2台、PC1台、Console线1根、网线1根、串行线1根。

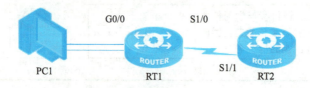

图2-5-1　网络拓扑

任务需求

1）按照图2-5-1搭建网络。

2）设备端口规划见表2-5-1。

表2-5-1 端口规划

端口	IP地址
RT1/ G0/0	192.168.1.2/24
RT1/Serial 1/0	192.168.2.1/24
RT2/Serial 1/1	192.168.2.2/24
PC1	192.168.1.1/24

3）配置以太网端口、逻辑端口、串行端口，配置端口的公共属性、监控和维护。

4）两台路由器通过串行线可以互通。

学习目标

- 掌握以太网端口、逻辑端口、串行端口的配置。
- 掌握端口公共属性的配置。
- 掌握端口监控和维护的配置。

任务分析

作为网络管理人员，拿到一台路由器后首先需要检查路由器配置，并恢复出厂设置。然后需要对路由器端口做基础设置，为以太网端口配置IP地址和双工模式，配置逻辑端口用于后期网络测试，配置串行端口连接路由器。除此之外，还需为端口配置公共属性。

预备知识

路由器支持两种类型的端口：物理端口和虚拟端口。在一个设备上的物理端口类型依赖于标配的通信端口以及安装在路由器之上的端口卡或端口模块。虚拟端口包括子端口和逻辑端口。子端口是从物理端口上派生出来的；逻辑端口则是不存在对应物理设备的端口，是通过用户手工创建的。

任务实施

第1步：基础环境配置。

路由器恢复出厂配置。

```
RT1#delete
RT1#reboot
```

第2步：配置以太网端口。

1）进入以太网端口配置模式，配置IP地址。

```
RT1_config#interface gigaEthernet 0/0
RT1_config_g0/0#ip address 192.168.1.2 255.255.255.0
```

2）配置以太网双工模式。

```
RT1_config#interface gigaEthernet 0/0
RT1_config_g0/0#duplex full
```

第3步：配置逻辑端口。

1）配置空端口。

```
RT1_config#interface null 0
```

2）配置回环端口。

```
RT1_config#interface loopback 1
RT1_config_g0/0#ip address 192.168.1.1 255.255.255.255
```

第4步：配置端口公共属性。

1）给端口添加描述。

```
RT1_config#interface gigaEthernet 0/0
RT1_config_g0/0#description RT1toPC1
```

2）配置端口带宽。

```
RT1_config#interface gigaEthernet 0/0
RT1_config_g0/0#bandwidth 102400   //单位为Kbps
```

3）配置端口时延。

```
RT1_config#interface gigaEthernet 0/0
RT1_config_g0/0#delay 1000   //时延设置成1000微秒
```

第5步：监控和维护配置。

1）查看状态信息。

```
RT1_config#show interface gigaEthernet 0/0  //显示端口状态
RT1_config#show running-config interface gigaEthernet 0/0 //查看端口配置
RT1_config#show version //查看版本信息
```

2）初始化和删除端口。

```
RT1_config#no interface gigaEthernet 0/0
```

3）关闭和重新启用端口。

```
RT1_config#interface gigaEthernet 0/0
RT1_config_g0/0#shutdown
RT1_config_g0/0#no shutdown
```

第6步：配置串行端口。

1）配置串行端口时钟频率。

```
RT1_config#interface  serial 1/0
RT1_config_s1/0#physical-layer speed 2048000
```

2）配置串行端口IP地址。

```
RT1_config#interface serial 1/0
RT1_config_s1/0#ip address 192.168.2.1 255.255.255.0
RT2_config#interface  serial 1/1
RT2_config_s1/1#ip address 192.168.2.2 255.255.255.0
```

3）测试串行链路连通性。

```
RT1#ping 192.168.2.2
PING 192.168.2.2 (192.168.2.2): 56 data bytes
!!!!!
--- 192.168.2.2 ping statistics ---
5 packets transmitted, 5 packets received, 0% packet loss
round-trip min/avg/max = 0/0/0 ms
```

注意事项：串行链路如果不能互通，注意查看是否忘记配置端口的时钟频率。

配置文档：

```
hostname RT1
!
interface GigaEthernet0/0
 description RT1toPC1
 ip address 192.168.1.2 255.255.255.0
 no ip directed-broadcast
 bandwidth 102400
 delay 1000
  ip http firewalltype 0
!
interface Serial1/0
 ip address 192.168.2.1 255.255.255.0
 no ip directed-broadcast
 physical-layer speed 2048000
```

任务总结

本任务通过对以太网端口、逻辑端口、串行端口的基本操作，掌握了路由器端口的配置，并掌握了为端口配置公共属性、监控和维护端口。

任务评价

请根据实际情况填写表2-5-2。

表2-5-2 评价表

评价内容	评价目的	标准		方式	学生自评	教师评价
使用命令恢复路由器出厂设置	检查掌握知识和技能的程度	正确（2分）	错误（0分）	任务满分为10分，根据完成情况评分		
配置以太网端口、逻辑端口、串行端口		正确（2分）	错误（0分）			
配置端口的公共属性、监控和维护		完成（3分）	未完成（0分）			
个人表现	评价参与学习任务的态度与能力，团队合作的情况等	3分				
合 计						

注：合计=学生自评占比40%+教师评价占比60%。

知识小测

单项选择题

1. 以下哪种说法不正确（　　）。

   A．G口和E口的端口速率一致　　B．E口又称以太网端口

   C．F口是快速以太网端口　　D．以上都不正确

2. 配置各个端口的模式叫做（　　）。

   A．用户模式　　B．特权模式　　C．全局模式　　D．端口模式

3. 以下描述串行端口的是（　　）。

   A．主要连接以太网端口，通过普通的双绞线就可以连接

   B．主要用于连接广域网，端口带宽较低

   C．用于控制和管理网络设备的端口

   D．既可以采用网线也可以采用光纤的端口

任务6　配置直连路由

任务情景

某系统集成公司承接了祥云公司的网络改造项目，对业务网络进行IP地址段划分工作已经完成。路由器设备开始进场安装调试工作，现需要对路由器配置直连路由，实现PC间的互通。

本任务网络拓扑如图2-6-1所示。

拓扑说明：路由器1台、PC2台、Console线1根、网线2根。

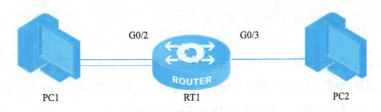

图2-6-1　网络拓扑

任务需求

1）按照图2-6-1搭建网络。

2）设备端口规划见表2-6-1。

表2-6-1 端口规划

端口	IP地址
RT1/ G0/2	192.168.1.2/24
RT1/ G0/3	192.168.2.2/24
PC1	192.168.1.1/24
PC2	192.168.2.1/24

3）PC间能相互通信。

学习目标

- 了解直连路由的原理。
- 掌握直连路由的配置。

任务分析

作为网络管理人员，拿到一台交换机后首先需要检查交换机配置并恢复出厂设置，然后为路由器和PC配置IP地址，设置PC的网关，查看路由器的路由表信息，测试网络互通性。

预备知识

直连路由属于数据链路层，一般指去往路由器的端口地址所在网段的路径，该路径信息不需要网络管理员维护，也不需要路由器通过某种算法进行计算获得，只要该端口处于活动状态，路由器就会把通向该网段的路由信息填写到路由表中去。

任务实施

第1步：基础环境配置。

1）路由器恢复出厂设置。

```
RT1#delete
RT1#reboot
```

2）给路由器端口配置IP地址。

```
RT1_config#interface G0/2
RT1_config_G0/3#ip address 192.168.1.2 255.255.255.0
RT1_config#interface G0/3
RT1_config_G0/3#ip address 192.168.2.2 255.255.255.0
```

验证配置：

```
RT1_config#show ip interface brief
Interface              IP-Address        Method Protocol-Status
Null0                  unassigned        manual up
GigaEthernet0/0        unassigned        manual down
GigaEthernet0/1        unassigned        manual down
GigaEthernet0/2        192.168.1.2       manual up
GigaEthernet0/3        192.168.2.2       manual up
Serial1/0              unassigned        manual down
Serial1/1              unassigned        manual down
RT1_config#
```

第2步：测试结果与分析。

1）检测PC间连通性如图2-6-2所示。

图2-6-2　检测PC间连通性

2）检查问题，发现PC没有配置网关，设置路由器连接PC的端口IP地址为网关地址，如

图2-6-3和图2-6-4所示。

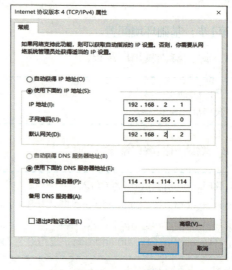

图2-6-3　配置PC1的默认网关　　　图2-6-4　配置PC2的默认网关

3）检测PC间连通性，如图2-6-5所示。

图2-6-5　检测连通性

4）查看路由器RT1路由表，有PC1到PC2的直连路由。

```
RT1#show ip route
Codes: C – connected, S – static, R – RIP, B – BGP, BC – BGP connected
       D – BEIGRP, DEX – external BEIGRP, O – OSPF, OIA – OSPF inter area
       ON1 – OSPF NSSA external type 1, ON2 – OSPF NSSA external type 2
       OE1 – OSPF external type 1, OE2 – OSPF external type 2
       DHCP – DHCP type, L1 – IS-IS level-1, L2 – IS-IS level-2
VRF ID: 0

C     192.168.1.0/24     is directly connected, GigaEthernet0/2
C     192.168.2.0/24     is directly connected, GigaEthernet0/3
```

注意事项：

1）查看端口状态是否为上行。

2）查看端口IP地址子网掩码是否在同一网段。

配置文档：

```
hostname RT1
!
interface GigaEthernet0/2
 ip address 192.168.1.2 255.255.255.0
 no ip directed-broadcast
!
interface GigaEthernet0/3
 ip address 192.168.2.2 255.255.255.0
 no ip directed-broadcast
!
```

任务总结

通过本任务可以掌握直连路由的原理，对路由器而言能否将数据转发到正确目的地，取决于路由表的表项是否覆盖，只有路由表中存在表项才能将数据按照路由表传递出去。本任务中不需要对路由器配置任何路由，只需要完成基础配置，路由器就能生成直达网络的表项，即可完成连通性。

任务评价

请根据实际情况填写表2-6-2。

表2-6-2 评价表

评价内容	评价目的	标准		方式	学生自评	教师评价
使用命令恢复路由器出厂设置	检查掌握知识和技能的程度	正确（2分）	错误（0分）	任务满分为10分，根据完成情况评分		
配置路由器接口IP地址		正确（2分）	错误（0分）			
设置PC网关地址，实现网络互通		完成（3分）	未完成（0分）			
个人表现	评价参与学习任务的态度与能力，团队合作的情况等	3分				
合 计						

注：合计=学生自评占比40%+教师评价占比60%。

知识小测

单项选择题

1. 关于直连路由说法正确的是（　　）。

    A．直连路由优先级低于动态路由

    B．直连路由需要管理员手工配置目的地址和下一跳地址

    C．直连路由优先级最高

    D．直连路由优先级低于静态路由

2. 路由器A收到了四种不同的路由协议下的同一IP地址，它会选择（　　）路由协议加入自己的路由表中。

    A．直连　　　　　B．静态　　　　　C．RIP　　　　　D．OSPF

3. 直连路由的优先级是（　　）。

    A．0　　　　　　B．1　　　　　　C．99　　　　　　D．20

任务7　配置静态路由

任务情景

某系统集成公司承接了祥云公司的网络改造项目，对业务网络进行IP地址段划分工作已经完成。路由器设备已经进场并开始安装调试工作，现需要对路由器完成基础配置和配置静态路由，实现网络互通。

本任务网络拓扑如图2-7-1所示。

拓扑说明：路由器2台、PC2台、Console线1根、网线3根。

图2-7-1　网络拓扑

任务需求

1）按照图2-7-1搭建网络。

2）设备端口规划见表2-7-1。

表2-7-1 端口规划

端口	IP\IPv6地址
RT1/ G0/2	192.168.1.2/24 2001::254/64
RT1/ G0/3	192.168.2.1/24 2002::1/64
RT2/ G0/2	192.168.3.2/24 2003::254/64
RT2/ G0/3	192.168.2.2/24 2002::2/64
PC1	192.168.1.1/24 2001::1/64
PC2	192.168.3.1/24 2003::1/64

3）两台路由器上配置IPv4和IPv6静态路由，实现PC1和PC2之间互相通信。

学习目标

- 了解静态路由的原理。
- 掌握静态路由的配置方法。
- 掌握验证静态路由的方法。

任务分析

随着IPv6的普及，作为网络管理员，本次改造项目要兼容IPv4和IPv6网络设备，需要在路由器上创建两条IPv4静态路由。其中一条静态路由在RT1上配置，目的地址指向PC2网段；另一条在RT2上配置，目的地址指向PC1网段。同时也需要在路由器上创建两条IPv6静态路由，一条静态路由在RT1上配置，目的地址指向PC2网段；另一条在RT2上配置，目的地址指向PC1网段。

预备知识

静态路由的路由表项由手动配置，而非动态决定。一般来说，静态路由是由网络管理员逐项加入路由表，网络中常常需要实施静态路由，即使配置了动态路由协议也是如此。大型和复杂的网络环境通常不宜采用静态路由。

任务实施

第1步：基础环境配置。

1）路由器恢复出厂设置。

```
RT1#delete
RT1#reboot
```

2）给路由器端口配置IPv4地址。

```
RT1_config#interface G0/2
RT1_config_G0/2#ip address 192.168.1.2 255.255.255.0
RT1_config#interface G0/3
RT1_config_G0/3#ip address 192.168.2.1 255.255.255.0

RT2_config#interface G0/2
RT2_config_G0/2#ip address 192.168.3.2 255.255.255.0
RT2_config#interface G0/3
RT2_config_G0/3#ip address 192.168.2.2 255.255.255.0
```

3）给路由器配置IPv6地址。

```
RT1_config#ipv6 unicast-routing    //全局配置模式下开启IPv6路由功能
RT1_config#interface G0/2
RT1_config_g0/2#ipv6 enable    //接口配置模式下开启IPv6功能
RT1_config_g0/2#ipv6 address 2001::254/64
RT1_config#interface G0/3
RT1_config_g0/3#ipv6 enable
RT1_config_g0/3#ipv6 address 2002::1/64

RT2_config#ipv6 unicast-routing
RT2_config#interface G0/2
RT2_config_g0/2#ipv6 enable
RT2_config_g0/2#ipv6 address 2003::254/64
RT2_config#interface G0/3
RT2_config_g0/3#ipv6 enable
RT2_config_g0/3#ipv6 address 2002::2/64
```

第2步：创建IPv4静态路由。

1）在RT1上创建一条静态路由，设置目的地址为PC2网段，下一跳为RT2的G0/3端口。

```
RT1_config#ip route 192.168.3.0 255.255.255.0 192.168.2.2
```

2）在RT2上创建一条静态路由，设置目的地址为PC1网段，下一跳为RT1的G0/3端口。

```
RT2_config#ip route 192.168.1.0 255.255.255.0 192.168.2.1
```

第3步：创建IPv6静态路由。

1）在RT1上创建一条静态路由，设置目的地址为PC2网段，下一跳为RT2的G0/3端口。

```
RT1_config#ipv6 route 2003::/64 2002::2
```

2）在RT2上创建一条静态路由，设置目的地址为PC1网段，下一跳为RT1的G0/3端口。

```
RT2_config#ipv6 route 2001::/64 2002::1
```

第4步：测试结果与分析。

1）查看RT1的IPv4路由表，显示静态路由。

```
RT1#show ip route
Codes: C – connected, S – static, R – RIP, B – BGP, BC – BGP connected
       D – BEIGRP, DEX – external BEIGRP, O – OSPF, OIA – OSPF inter area
       ON1 – OSPF NSSA external type 1, ON2 – OSPF NSSA external type 2
       OE1 – OSPF external type 1, OE2 – OSPF external type 2
       DHCP – DHCP type, L1 – IS-IS level-1, L2 – IS-IS level-2
VRF ID: 0

C    1.1.1.1/32          is directly connected, Loopback1
S    192.168.3.0/24      [1,0] via 192.168.2.2(on GigaEthernet0/3)
C    192.168.1.0/24      is directly connected, GigaEthernet0/2
C    192.168.2.0/24      is directly connected, GigaEthernet0/3
```

2）测试IPv4连通性，PC1能PING通PC2。

```
C:\Users\AAA>ping 192.168.3.1

正在 Ping 192.168.3.1 具有 32 字节的数据:
来自 192.168.3.1 的回复: 字节=32 时间=3ms TTL=254
来自 192.168.3.1 的回复: 字节=32 时间=3ms TTL=254
来自 192.168.3.1 的回复: 字节=32 时间=3ms TTL=254
来自 192.168.3.1 的回复: 字节=32 时间=5ms TTL=254

192.168.3.1 的 Ping 统计信息:
    数据包: 已发送 = 4，已接收 = 4，丢失 = 0 (0% 丢失)，
往返行程的估计时间(以毫秒为单位):
    最短 = 3ms，最长 = 5ms，平均 = 3ms
```

3）查看RT1的IPv6路由表，显示静态路由。

```
RT1_config#show ipv6 route
Codes: C - Connected, L - Local, S - Static, R - Ripng, B - BGP, O - OSPF
       ON1 - OSPF NSSA external type 1, ON2 - OSPF NSSA external type 2
       OE1 - OSPF external type 1, OE2 - OSPF external type 2, OIA - OSPF inter area
       DHCP - DHCP type, L1 - IS-IS level-1, L2 - IS-IS level-2, IA - ISIS inter level
VRF ID: 0

C       2001::/64[1]
            is directly connected, C,GigaEthernet0/2
C       2001::254/128[1]
            is directly connected, L,GigaEthernet0/2
C       2002::/64[1]
            is directly connected, C,GigaEthernet0/3
C       2002::1/128[1]
            is directly connected, L,GigaEthernet0/3
S       2003::/64[1]
            [1,0] via 2002::2(on GigaEthernet0/3)
C       fe80::/64[1]
            is directly connected, C,GigaEthernet0/2
C       fe80::203:fff:fedc:1fa/128[1]
            is directly connected, L,GigaEthernet0/2
C       fe80::/64[1]
            is directly connected, C,GigaEthernet0/3
C       fe80::203:fff:fedc:1fb/128[1]
            is directly connected, L,GigaEthernet0/3
```

4）测试IPv6连通性，PC1能PING通PC2。

```
C:\Users\AAA>ping 2003::1

正在 Ping 2003::1 具有 32 字节的数据:
来自 2003::1 的回复: 时间=3ms
来自 2003::1 的回复: 时间=3ms
来自 2003::1 的回复: 时间=3ms
来自 2003::1 的回复: 时间=3ms
2003::1 的 Ping 统计信息:
    数据包: 已发送 = 4, 已接收 = 4, 丢失 = 0 (0% 丢失),
往返行程的估计时间(以毫秒为单位):
    最短 = 3ms, 最长 = 3ms, 平均 = 3ms
```

注意事项：

1）如果路由不通，则查看路由表是否有环回路由条目。

2）静态路由下一跳目的地址设置的是对端端口IP地址。

配置文档：

```
hostname RT1
!
ipv6 unicast-routing
!!
interface GigaEthernet0/2
 ip address 192.168.1.2 255.255.255.0
 no ip directed-broadcast
 ipv6 enable
 ipv6 address 2001::254/64
 ip http firewalltype 0
!
interface GigaEthernet0/3
 ip address 192.168.2.1 255.255.255.0
 no ip directed-broadcast
 ipv6 enable
 ipv6 address 2002::1/64
 ip http firewalltype 0
!
ip route 192.168.3.0 255.255.255.255 192.168.2.2
!
ipv6 route 2003::/64 2002::2


hostname RT2
!
ipv6 unicast-routing
!
interface GigaEthernet0/2
 ip address 192.168.3.2 255.255.255.0
 no ip directed-broadcast
 ipv6 enable
 ipv6 address 2003::254/64
 ip http firewalltype 0
!
interface GigaEthernet0/3
 ip address 192.168.2.2 255.255.255.0
 no ip directed-broadcast
 ipv6 enable
```

```
    ipv6 address 2002::2/64
    ip http firewalltype 0
!
    ip route 192.168.1.0 255.255.255.0 192.168.2.1
!
    ipv6 route 2001::/64 2002::1
```

任务总结

通过本次任务可以掌握IPv4和IPv6静态路由的配置。在实际场景中，IPv4和IPv6双地址网络拓扑较为常见，掌握IPv6的静态路由配置尤为重要。

任务评价

请根据实际情况填写表2-7-2。

表2-7-2 评价表

评价内容	评价目的	标准		方式	学生自评	教师评价
路由器基础环境配置	检查掌握知识和技能的程度	正确（2分）	错误（0分）	任务满分为10分，根据完成情况评分		
规定时间内，完成IPv4静态路由配置并测试成功		正确（2分）	错误（0分）			
规定时间内，完成IPv6静态路由配置并测试成功		完成（3分）	未完成（0分）			
个人表现	评价参与学习任务的态度与能力，团队合作的情况等	3分				
合　　计						

注：合计=学生自评占比40%+教师评价占比60%。

知识小测

单项选择题

1.（　　）可以用来在静态路由中标识下一跳。

　　A．目的接口　　　　　　　　　　B．目的网络地址

C. 出站接口　　　　　　　　D. 源IP地址

2. 仅显示IPv6静态路由使用以下哪条命令（　　）。

　　A. show ipv6 route static　　B. show ip route static

　　C. show ip route　　　　　　D. show ipv6 route

3. 网络管理员使用"ip route 172.16.1.0 255.255.255.0 172.16.2.2"命令配置路由器。此路由在路由表中显示为（　　）。

　　A. C 172.16.1.0 is directly connected, Serial0/0

　　B. S 172.16.1.0 is directly connected, Serial0/0

　　C. C 172.16.1.0 [1/0] via 172.16.2.2

　　D. S 172.16.1.0 [1/0] via 172.16.2.2

Unit 3

单元 3
配置无线网络

单元概述

本单元主要介绍在现代企业中广泛应用的无线设备的配置方法及常用的无线技术。除基础的无线AP基本配置、配置无线网络之外，网络管理人员还需理解并掌握一些更贴近实际需求的应用技术，如：配置AP（无线接入点）发现AC（无线控制器）、配置多SSID（服务集标识符）的无线接入、配置无线网络的安全接入认证等。通过本单元的学习，读者可以掌握切换AP工作模式、配置AC发现AP、配置无线网络的安全接入认证等6个任务的知识。

任务1 切换AP工作模式

任务情景

某系统集成公司承接了祥云公司的无线网络改造项目，对业务网络进行IP地址段划分工作已经完成。AP设备进场安装并开始调试工作，现需要对AP工作模式进行切换。

本任务网络拓扑如图3-1-1所示。

拓扑说明：AP设备1台、PC1台、PoE供电模块1个、网线2根。

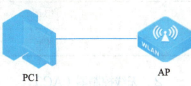

图3-1-1 网络拓扑

任务需求

1）按照图3-1-1搭建网络。

2）将PoE的数据接口连接到PC上，手工配置PC1的IP地址，使之与AP设备互通。

3）切换AP工作模式。

学习目标

- 了解AP胖瘦工作模式的特点。
- 掌握切换AP工作模式的方法。

任务分析

作为网络管理人员，拿到一台AP设备后首先需要检查AP配置，恢复出厂设置。然后根据需要切换AP的工作模式，通过Web页面来管理AP和使用IP地址测试网络互通性。

预备知识

1. 无线接入点（AP）

AP支持Fat（胖）和Fit（瘦）两种工作模式，根据网络规划的需要，可灵活地在胖和瘦两种工作模式中切换。当AP作为胖AP（Fat AP）时，可独立组网，当AP作为瘦AP（Fit AP）时，需要与AC配套使用，由AC来对AP进行管理。

无线指示灯有4种状态：灯灭、白色灯常亮、快速闪绿色、快速闪蓝色，代表的意义见表3-1-1。

表3-1-1 无线指示灯状态表

Led灯	说明
灯灭	AP未启用
白色灯常亮	无线AP启动中
快速闪绿色	无线服务未启用
快速闪蓝色	无线服务已启用

2. 无线控制器（AC）

DCWS-6028型智能无线控制器，最多可管理1024台智能AP设备。其支持高速率IEEE 802.11ac系统设计，配合AP，可提供传输带宽高达单路300Mbit/s、双路1~166Gbit/s的无线网络，可以自动发现AP，并灵活控制AP上的数据交换方式。

DCWS-6028型无线控制器有16个千兆光电复用口，8个千兆（SPF）光口，4个万兆（SPF+）光口，1个RJ-45型Console端口组成，其位置与排列如图3-1-2所示。

图3-1-2　无线控制器正面

3．PoE供电设备

负责给AP设备供电的是DCWL-PoEINJ-G千兆单端口PoE以太网供电模块，支持MDI/MDIX缆线自识别，避免因直连/交叉缆线的错误使用而导致不必要的网络问题。PoE供电设备连接AP设备如图3-1-3所示。

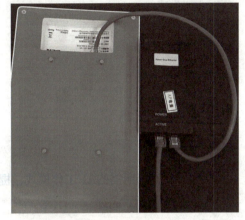

图3-1-3　PoE供电设备连接AP设备

任务实施

第1步：基础环境配置。

1）AP恢复出厂设置，长按AP供电接口旁<reset>按钮3～5秒即可清空配置。

2）给PC1设置网段为"192.168.1.0/24"的IP地址，AP的默认地址为"192.168.1.10"。

第2步：打开浏览器输入地址"http://192.168.1.10"进入AP登录界面，输入默认用户名和密码（默认用户名、密码都是admin），如图3-1-4所示。

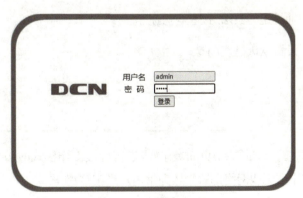

图3-1-4　AP登录界面

第3步：在主界面左侧的菜单下选择AP模式，进入AP工作模式切换配置界面，如图3-1-5所示。

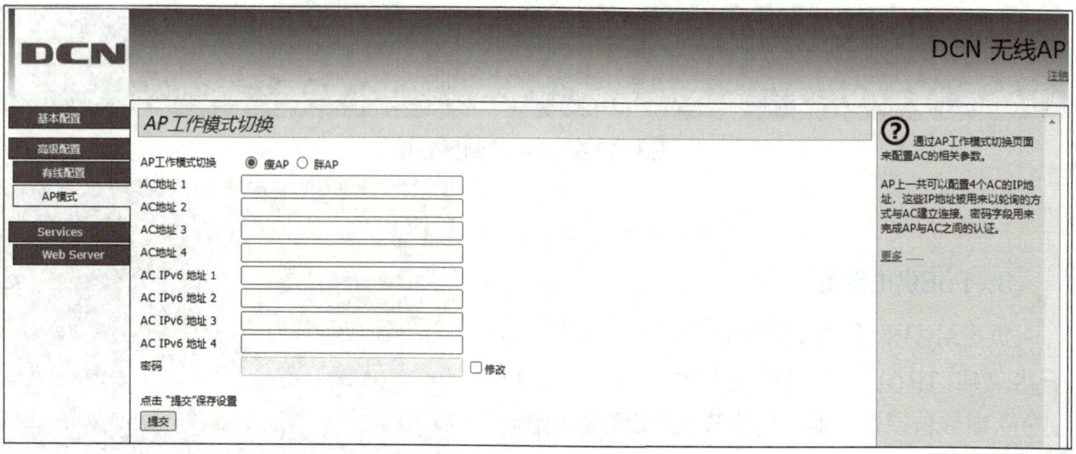

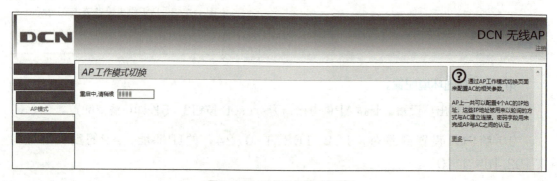

图3-1-5　AP工作模式切换配置界面

第4步：选择所需的AP工作模式，提交后等待生效，重新登录AP后发现模式已经切换成功，如图3-1-6所示。

图3-1-6　AP工作模式切换

注意事项：

1）AP的默认IP地址是"192.168.1.10"。

2）AP恢复出厂设置默认是瘦AP。

任务总结

通过本任务，掌握了通过Web页面登录AP进行胖瘦工作模式的切换。当AP作为胖AP时，可独立组网，在小型无线网络部署中较为常用。当AP为瘦模式时，需要与AC组网使用，由AC对AP进行管理。

请根据实际情况填写表3-1-2。

表3-1-2 评价表

评价内容	评价目的	标准		方式	学生自评	教师评价
说出AP的默认IP地址	检查掌握知识和技能的程度	正确（2分）	错误（0分）	任务满分为10分，根据完成情况评分		
AP恢复出厂设置		正确（2分）	错误（0分）			
通过网页，任意切换AP胖瘦工作模式		完成（3分）	未完成（0分）			
个人表现	评价参与学习任务的态度与能力，团队合作的情况等	3分				
合 计						

注：合计=学生自评占比40%+教师评价占比60%。

单项选择题

1. AP恢复出厂设置默认是（　　）。

   A. 胖AP模式　　B. 瘦AP模式　　C. AC管理模式　　D. 交换模式

2. 通过AC访问到AP的命令行界面，AP的默认地址是（　　）。

   A. 192.168.1.100　　　　　　　B. 192.168.100.100

   C. 192.168.1.10　　　　　　　D. 172.168.10.1

任务2　配置多SSID的无线接入

任务情景

某系统集成公司承接了祥云公司的无线网络改造项目，对业务网络进行IP地址段划分工作已经完成。无线网络机设备开始进场安装调试工作，现需要对交换机和AP进行配置，实现多SSID的无线接入。

本任务网络拓扑如图3-2-1所示。

拓扑说明：三层交换机1台、PC1台、Console线1根、网线4根、PoE供电模块1个、AP设备1台。

图3-2-1 网络拓扑

任务需求

1）按照图3-2-1搭建网络。

2）在三层交换机上创建一个管理VLAN并设置IP地址，将连接AP的端口设置为Trunk，将管理VLAN设置为本征VLAN，AC通过管理VLAN来接通PC，IP地址规划见表3-2-1。

表3-2-1 IP地址规划

VLAN	IP地址	端口划分
SW-1/10（管理VLAN）	192.168.10.254	e1/0/2
SW-1/20（业务VLAN）	192.168.20.254	无
PC1	192.168.10.100	e1/0/1

3）在三层交换机上创建DHCP为AP分配IP地址，移动设备通过WiFi接入AP并能自动获取IP地址，实现网络互通。

学习目标

- 了解多WLAN的IP地址规划。
- 掌握胖AP模式下的多SSID的配置方法。
- 了解如何验证多SSID的接入。

任务分析

作为网络管理人员，拿到一台交换机后首先需要检查交换机配置，恢复出厂设置。然后需要在交换机上创建VLAN和多个DHCP，其中一个VLAN做AP的管理VLAN，其他VLAN用于为AP分配IP地址。在PC上通过Web访问AP进行配置，完成管理VLAN和虚拟AP的设置。

SSID（Service Set Identifier）是指服务集标识。SSID技术可以将一个无线局域网分为几个子网络，不同的用户可以连入不同的子网络中，避免相互之间的干扰。

第1步：基础环境配置。

1）三层交换机恢复出厂设置。

```
SW1#set default
SW1#write
SW1#reload
```

2）配置交换机的端口模式。

```
SW1(config)#interface ethernet 1/0/1
SW1(config-if-ethernet1/0/1)#switchport access vlan 10
SW1(config)#interface  ethernet 1/0/2
SW1(config-if-ethernet1/0/2)#switchport mode trunk //连接AP
SW1(config-if-ethernet1/0/2)#switchport trunk native vlan 10
```

第2步：创建VLAN。

1）创建VLAN10、VLAN20。

```
SW1(config)#vlan 10
SW1(config)#vlan 20
```

2）给VLAN10、VLAN20配置IP地址。

```
SW1(config)#interface vlan 10
SW1(config-if-vlan10)#ip address 192.168.10.254 255.255.255.0
SW1(config)#interface vlan 20
SW1(config-if-vlan10)#ip address 192.168.20.254 255.255.255.0
```

第3步：配置DHCP服务。

1）启用DHCP服务。

```
SW1(config)#service dhcp
```

2）配置DHCP地址池，创建地址池AP和Test。

```
SW1(config)#ip dhcp pool AP
SW1(dhcp-ap-config)#network-address 192.168.10.254 255.255.255.0
SW1(dhcp-ap-config)#default-router 192.168.10.254
SW1(config)#ip dhcp pool Test
SW1(dhcp-test-config)#network-address 192.168.20.254 255.255.255.0
SW1(dhcp-test-config)#default-router 192.168.20.254
```

3）禁止分配相关地址。

```
SW1(config)#ip dhcp excluded-address 192.168.10.254
SW1(config)#ip dhcp excluded-address 192.168.20.254
```

验证配置，查询AP是否获取到IP地址，如图3-2-2所示。

```
SW1#show ip dhcp binding
Total dhcp binding items: 1, the matched: 1
IP address            Hardware address        Lease expiration            Type
192.168.10.1          00-03-0F-82-B7-70       Thu May 13 02:21:00 2021    Dynamic
```

图3-2-2 查看DHCP地址分配情况

第4步：配置AP。

1）PC1通过DHCP服务获取IP地址，设置AP为胖AP模式。

2）进入AP有线配置，配置管理VLAN同无标记VLAN，如图3-2-3所示。

3）进入虚拟AP配置，设置多SSID，给相应网络设置VLAN，如图3-2-4所示。

第5步：查看地址分配情况。

1）使用手机连接任意一个设置的SSID，获取IP地址。

2）手机连接WiFi后，进入SW-1查看地址分配，如图3-2-5所示。

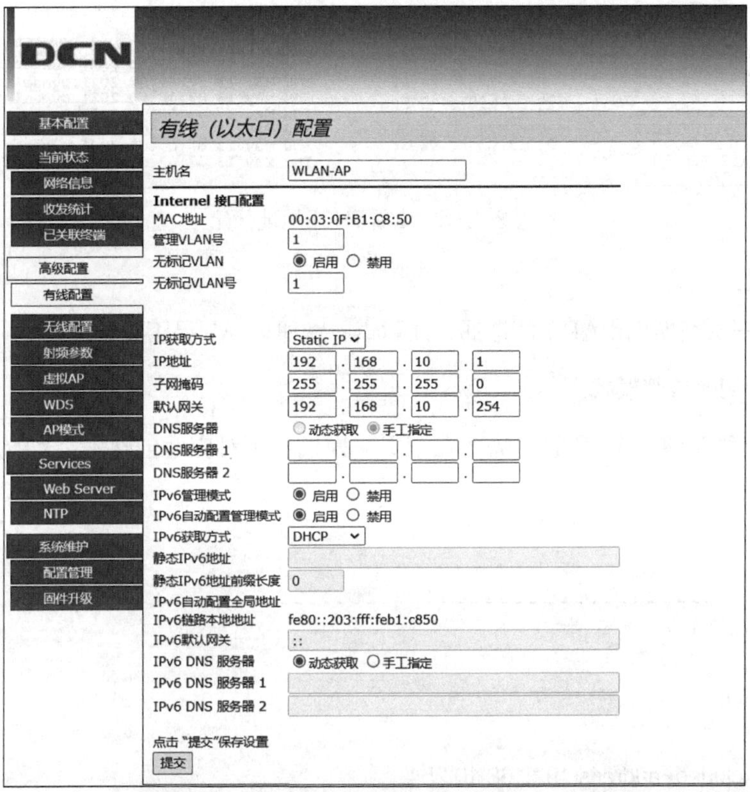

图3-2-3　配置AP管理VLAN

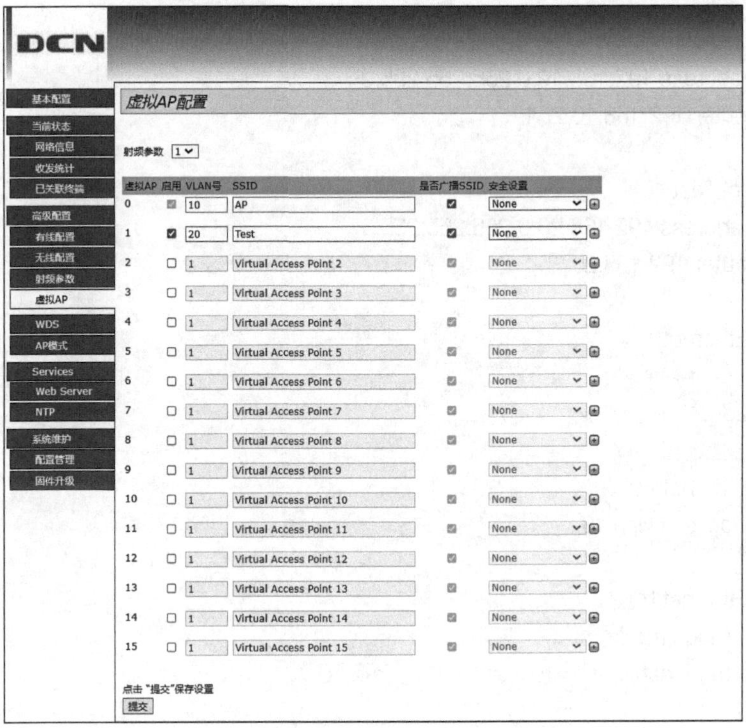

图3-2-4　虚拟AP配置界面

```
SW1#show ip dhcp binding
Total dhcp binding items: 7, the matched: 7
IP address       Hardware address     Lease expiration          Type
192.168.10.1     00-03-0F-82-B7-70    Thu May 13 03:00:00 2021  Dynamic
192.168.10.2     00-0E-C6-56-B6-DC    Thu May 13 02:30:00 2021  Dynamic
192.168.10.3     90-17-C8-E2-EF-B2    Thu May 13 02:48:00 2021  Dynamic
192.168.10.4     94-17-00-4C-98-38    Thu May 13 03:00:00 2021  Dynamic
192.168.10.5     30-A1-FA-7F-A8-3E    Thu May 13 03:01:00 2021  Dynamic
192.168.20.1     94-17-00-4C-98-38    Thu May 13 03:00:00 2021  Dynamic
192.168.20.2     30-A1-FA-7F-A8-3E    Thu May 13 03:02:00 2021  Dynamic
SW1#
```

图3-2-5　查看DHCP地址分配

注意事项：

1）如果三层交换机和AP不能连通，注意查看管理VLAN是否设置正确。

2）AP要切换成胖模式。

3）AP上每新建一个SSID，需要在三层交换机上相对应地创建一个VLAN和DHCP地址池。

配置文档：

```
hostname SW1
!
service dhcp
!
ip dhcp excluded-address 192.168.10.254
ip dhcp excluded-address 192.168.20.254
!
ip dhcp pool AP
 network-address 192.168.10.0 255.255.255.0
 default-router 192.168.10.254
!
ip dhcp pool Test
 network-address 192.168.20.0 255.255.255.0
 default-router 192.168.20.254
!
Interface Ethernet0
!
vlan 1;10;20
!
Interface Ethernet1/0/1
switchport access vlan 10
!
Interface Ethernet1/0/2
switchport mode trunk
switchport trunk native vlan 10
!
interface Vlan10
```

```
 ip address 192.168.10.254 255.255.255.0
!
interface Vlan20
 ip address 192.168.20.254 255.255.255.0
!
```

任务总结

通过本任务，了解了同一个AP上配置多个SSID，建立多个VLAN，关联一个VLAN或多个VLAN。VLAN的网关配置在三层交换机上，AP的上行串口必须为中继模式，才能广播多个SSID。对应多个VAP（虚拟AP），默认只开启一个VAP，新增的要手动开启。

任务评价

请根据实际情况填写表3-2-2。

表3-2-2 评价表

评价内容	评价目的	标准		方式	学生自评	教师评价
说出交换机的默认VLAN编号	检查掌握知识和技能的程度	正确（2分）	错误（0分）	任务满分为10分，根据完成情况评分		
使用命令恢复交换机出厂设置		正确（2分）	错误（0分）			
规定时间内，完成交换机IP地址配置并测试成功		完成（3分）	未完成（0分）			
个人表现	评价参与学习任务的态度与能力，团队合作的情况等	3分				
合　　计						

注：合计=学生自评占比40%+教师评价占比60%。

知识小测

单项选择题

1. 连接PC和AP的交换机端口分别应该设置成（　　）才能实现无AC、AP上线。

   A．使用Access模式和Trunk模式　　B．都使用Access模式

   C．都使用Trunk模式　　D．使用Trunk和Access模式

2. 查看DHCP地址分配的命令是（　　）。

   A. show ip dhcp conflict

   B. show ip dhcp binding

   C. show ip dhcp server statistics

   D. show ip dhcp snooping

3. AP网页管理界面的默认用户名和密码是（　　）。

   A. 用户名：DCN　密码：123456

   B. 用户名：admin　密码：admin

   C. 用户名：test　密码：test

   D. 用户名：test　密码：123456

任务3　配置AC发现AP

任务情景

某系统集成公司承接了祥云公司的无线网络改造项目，对业务网络进行IP地址段划分工作已经完成。无线网络设备进场安装并开始调试工作，现需要对AC配置管理IP地址，配置发现模式，确保AP能够成功上线。

本任务网络拓扑如图3-3-1所示。

拓扑说明：AC设备1台、PC 1台、Console线1根、网线2根、PoE供电模块1个、AP设备1台。

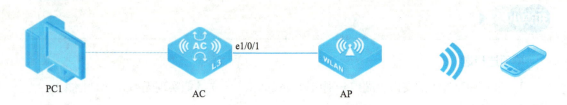

图3-3-1　网络拓扑

任务需求

1）按照图3-3-1搭建网络。

2）在AC上创建一个管理VLAN并设置IP地址，将连接AP的端口设置为Trunk模式，将管理VLAN设置为本征VLAN，IP地址规划见表3-3-1。

表3-3-1　IP地址规划

VLAN	IP地址
AC/50（管理VLAN）	10.1.1.254

3）配置AC，配置发现方式为二层发现或三层发现，AP能够成功上线。

学习目标

- 了解AC发现AP的建立过程。
- 掌握AC主动发现AP的配置方法。

任务分析

作为网络管理人员，拿到一台AC设备后首先需要检查AC配置，恢复出厂设置。然后为AC配置DHCP服务，设置AC的管理IP地址，设置AP上线认证方式为不认证，配置发现方式为二层发现或三层发现。查看AP上线情况，若成功上线则表明配置正确。

预备知识

AP工作在瘦模式时需要注册到AC上，成功注册后才能接受AC的统一管理，这个过程叫作AP上线。有两种注册方式：一是AC发现AP，AP处于被动发现状态；二是AP发现AC，在AP上指定AC的IP地址。

AC主动发现AP有三种情况：一是在AC上添加AP的database，即AP的MAC地址。二是使用三层发现，将AP的IP地址添加到ip-list中。三是使用二层发现，将AP所在VLAN的ID添加到vlan-list中。

任务实施

第1步：基础环境配置。

1）波特率设置为9600连接AC，并将AC恢复出厂设置。

```
AC#set default
AC# write
AC#reload
```

2）创建VLAN。

```
AC(config)#vlan 50
AC(config)#interface vlan 50  //配置AP的网关
AC(config-if-vlan50)#ip address 10.1.1.254 255.255.255.0
```

3）配置AC的端口模式。

```
AC(config)#interface  ethernet 1/0/1  //连接AP
AC(config-if-ethernet1/0/1)#switchport mode trunk
AC(config-if-ethernet1/0/1)#switchport trunk native vlan 50
//使vlan50通过trunk链路时不打vlan tag标签
```

第2步：配置DHCP服务。

1）启用DHCP服务。

```
AC(config)#service dhcp
```

2）配置DHCP服务。

```
AC(config)#ip dhcp pool AP
AC(dhcp-ap-config)#network-address 10.1.1.0 255.255.255.0
AC(dhcp-ap-config)#default-router 10.1.1.254
AC(config)#ip dhcp excluded-address 10.1.1.254  //将网关地址禁止分配
```

查看AP获取的地址信息，如图3-3-2所示。

```
AC#show ip dhcp binding
Total dhcp binding items: 1, the matched: 1
IP address          Hardware address          Lease expiration              Type
10.1.1.1            00-03-0F-82-B8-90         Tue Jun 22 20:13:00 2021      Dynamic
```

图3-3-2　DHCP地址分配情况

第3步：配置AC相关服务。

1）进入无线控制器配置模式，关闭自动IP地址分配，设置AC管理地址。

```
AC(config)#wireless
AC(config-wireless)#no auto-ip-assign
AC(config-wireless)#static-ip 10.1.1.254
```

2）设置发现模式（任选其一）。

```
AC(config-wireless)#discovery vlan-list 50   //二层发现
AC(config-wireless)#discovery ip-list 10.1.1.1 //三层发现
AC(config-wireless)#ap database 00-03-0F-82-B8-90 //AC添加AP的MAC地址
```

3）设置AP认证模式为自动注册认证，默认是Mac认证。

```
AC(config-wireless)#ap authentication none
```

第4步：查看无线AP上线情况，如图3-3-3所示。

```
AC#show wireless ap status
                                                    Configuration
   MAC Address
(*) Peer Managed  IP Address           Profile Status   Status         Age
------------------ --------------       ------- -------  -------------  --------------
00-03-0f-82-b7-70  10.1.1.1               1     Managed  Success        0d:00:00:03
Total Access Points............................ 1
AC#
```

图3-3-3　无线AP上线情况

注意事项：

1）如果发现AP没有注册上线，可使用命令"show wireless ap failure status"查看AP是否在failure表中，根据出错原因进行检查。

2）大规模部署建议取消AP认证，这样在AC上不用手动添加 ap database。

配置文档：

```
hostname AC
service dhcp
ip dhcp excluded-address 10.1.1.254
!
ip dhcp pool AP
 network-address 10.1.1.0 255.255.255.0
 default-router 10.1.1.254
vlan 50
 name GL
```

```
Interface Ethernet1/0/1
 switchport mode trunk
 switchport trunk native vlan 50
interface Vlan50
 ip address 10.1.1.254 255.255.255.0
!
wireless
 channel enhance enable
 discovery vlan-list 50
 static-ip  10.1.1.254
```

任务总结

通过本任务，掌握了AC主动发现AP的三种配置方式，通过对配置过程的理解，了解AC发现AP的建立过程。

任务评价

请根据实际情况填写表3-3-2。

表3-3-2　评价表

评价内容	评价目的	标准		方式	学生自评	教师评价
配置AC的基础环境	检查掌握知识和技能的程度	正确（2分）	错误（0分）	任务满分为10分，根据完成情况评分		
AC配置DHCP服务，AP可以获取到IP地址		正确（2分）	错误（0分）			
规定时间内，完成AC发现模式的配置，经过测试AP可以上线		完成（3分）	未完成（0分）			
个人表现	评价参与学习任务的态度与能力，团队合作的情况等	3分				
合　　计						

注：合计=学生自评占比40%+教师评价占比60%。

知识小测

单项选择题

1. 现有VLAN10、VLAN20、VLAN30、VLAN40，VLAN10为管理VLAN，VLAN20、VLAN30、VLAN40为业务VLAN，请问交换机连接AP端口设置为本征VLAN的为（　　）。

  A．VLAN10 B．VLAN20 C．VLAN30 D．VLAN40

2. 查看AP上线失败的命令是（　　）。

  A．show wireless ap failure status

  B．show wireless ap status

  C．show wireless ap database

  D．show wireless ap profile

3. DHCP禁止分配IP地址的命令为（　　）。

  A．ip dhcp excluded-address

  B．ip dhcp pool

  C．ip dhcp conflict logging

  D．ip dhcp server backup enable

任务4　配置AP发现AC

任务情景

  某系统集成公司承接了祥云公司的无线网络改造项目，对业务网络进行IP地址段划分工作已经完成。无线网络设备进场安装并开始调试工作，现需要对三层交换机和AC进行配置，确保AP可以主动发现AC，让AP成功上线完成无线网络部署。

  本任务网络拓扑如图3-4-1所示。

  拓扑说明：AC设备1台、PC1台、三层交换机1台、Console线1根、网线3根、PoE供电模块1个、AP设备1台。

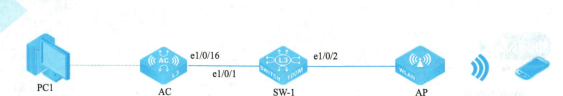

图3-4-1 网络拓扑

> 任务需求

1）按照图3-4-1搭建网络。

2）在AC上创建一个管理VLAN并设置IP地址，设置端口划分VLAN使得AC同三层交换机间相通信，连接AP端口设置为Trunk模式，将管理VLAN设置为本征VLAN，IP地址规划见表3-4-1。

表3-4-1 IP地址规划

VLAN	IP地址	端口
无	1.1.1.1	AC/loopback1
AC/100（管理VLAN）	192.168.100.1	e1/0/16
SW-1/100（管理VLAN）	192.168.100.2	e1/0/1

3）配置AC，配置发现方式为三层发现，AP能够成功上线。

> 学习目标

- 了解AP如何三层发现AC。
- 掌握AP三层发现AC的配置。

> 任务分析

作为网络管理人员，拿到一台AC设备后首先需要检查AC配置，恢复出厂设置，然后在三层交换机上创建DHCP，使得AP可以获取到IP地址。配置AC，设置AC管理地址，设置AP上线认证方式为不认证，配置发现方式为三层发现。查看AP上线情况，若成功上线则表明配置正确。

> 预备知识

AP主动发现AC，需要在AP上添加静态AC的无线地址，或者AP通过DHCP方式获取AC列表（利用Option 43选项）。AP零配置上线，项目实施时建议采用AC发现AP方式或者利用DHCP Option 43方式让AP发现AC。

任务实施

第1步：基础环境配置。

AC恢复出厂设置。

```
AC#set default
AC# write
AC#reload
```

第2步：配置三层交换机。

1）创建VLAN100，设置连接AP端口类型。

```
SW1(config)#interface vlan 100
SW1(config-if-vlan100)#ip address 192.168.100.2 255.255.255.0
SW1(config-if-vlan100)#vlan 100
SW1(config-vlan100)#switchport interface ethernet 1/0/1
SW1(config)#interface ethernet 1/0/2
SW1(config-if-ethernet1/0/2)#switchport mode trunk
SW1(config-if-ethernet1/0/2)#switchport trunk native vlan 100
```

2）配置达到AC的路由。

```
SW1(config)#ip route 1.1.1.1 255.255.255.255 192.168.100.1
```

3）配置DHCP服务。

```
SW1(config)#service dhcp
SW1(config)#ip dhcp excluded-address 192.168.100.1 192.168.100.2
SW1(config)#ip dhcp pool AP
SW1(dhcp-ap-config)# network-address 192.168.100.0 255.255.255.0
SW1(dhcp-ap-config)# default-router 192.168.100.2
SW1(dhcp-ap-config)# option 43 ip 1.1.1.1   //要联系的AC的地址
```

验证DHCP配置是否生效，如图3-4-2所示。

```
SW1(config)#show ip dhcp binding
Total dhcp binding items: 1, the matched: 1
IP address            Hardware address           Lease expiration              Type
192.168.100.3         00-03-0F-82-B7-70          Thu May 13 11:39:00 2021      Dynamic
SW1(config)#
```

图3-4-2 DHCP地址分配

第3步：配置AC。

```
AC(config)#interface loopback 1
AC(config-if-loopback1)#ip address 1.1.1.1 255.255.255.255
AC(config-if-loopback1)#interface vlan 100
AC(config-if-vlan100)#ip address 192.168.100.1 255.255.255.0
AC(config-if-vlan100)#vlan 100
AC(config-vlan100)#switchport interface ethernet 1/0/16
AC(config)#wireless    //开启无线功能
AC(config-wireless)#no auto-ip-assign
AC(config-wireless)#static-ip 1.1.1.1    //指定AC的管理地址
AC(config-wireless)#ap authentication none    //AP免认证
```

第4步：查看无线AP上线情况，如图3-4-3所示。

```
AC#show wireless ap status
         MAC Address                        Configuration
(*) Peer Managed  IP Address       Profile Status  Status      Age
------------------------------     ------- -------  -----------  ---------------
00-03-0f-82-b7-70 192.168.100.3       1    Managed Success    0d:00:00:01
Total Access Points.......................... 1
```

图3-4-3　无线AP上线情况

注意事项：

1）三层交换机上要配置静态路由，使AP能与AC通信。

2）Option 43方式IP地址指向AC管理地址。

3）AC的无线IP地址默认是动态选取的，优先选择端口ID小的loopback端口的地址，再选择端口ID小的三层发现端口IP地址。为了避免动态选取时IP地址变化导致无线网络中断，建议采取静态无线IP地址的方式。

配置文档：

```
hostname SW1
!
username admin privilege 15 password 0 admin
!
service dhcp
!
ip dhcp excluded-address 192.168.100.1 192.168.100.2
!
ip dhcp pool AP
 network-address 192.168.100.0 255.255.255.0
 default-router 192.168.100.2
 option 43 ip 1.1.1.1
```

!
vlan 1;100
!
Interface Ethernet1/0/1
 switchport access vlan 100
!
Interface Ethernet1/0/2
 switchport mode trunk
 switchport trunk allowed vlan 100
 switchport trunk native vlan 100
!
interface Vlan100
 ip address 192.168.100.2 255.255.255.0
!
ip route 1.1.1.1/32 192.168.100.1
!
hostname AC
!
vlan 1;100
!
Interface Ethernet1/0/16
 switchport access vlan 100
!
interface Vlan100
 ip address 192.168.100.1 255.255.255.0
!
interface Loopback1
 ip address 1.1.1.1 255.255.255.255
!
no login
wireless
  channel enhance enable
  discovery ip-list 192.168.100.3
  static-ip 1.1.1.1
  network 1
!
  ap database 00-03-0f-82-b7-70
!

本任务通过AP三层发现AC的配置，了解了AP三层发现AC的原理，在DHCP配置中将

Option 43方式IP地址指向AC管理地址，以此实现三层发现。

任务评价

请根据实际情况填写表3-4-2。

表3-4-2 评价表

评价内容	评价目的	标准		方式	学生自评	教师评价
使用命令恢复AC出厂设置	检查掌握知识和技能的程度	正确（1分）	错误（0分）	任务满分为10分，根据完成情况评分		
完成三层交换机的相关配置		正确（3分）	错误（0分）			
完成AC的配置，无线AP可以上线成功		完成（3分）	未完成（0分）			
个人表现	评价参与学习任务的态度与能力，团队合作的情况等	3分				
合　　计						

注：合计=学生自评占比40%+教师评价占比60%。

知识小测

单项选择题

1. 查看无线上线状态的命令是（　　）。

   A．show ip route　　　　　　B．show wireless

   C．show wireless ap status　　D．show wireless ap failure status

2. 通过DHCP服务的option向AP通告AC地址的值是（　　）。

   A．53　　　　B．43　　　　C．51　　　　D．66

3. 设置AC三层发现AP的命令是（　　）。

   A．discovery vlan-list　　　　B．discovery ip-list

   C．discovery ipv6-list　　　　D．ap database

任务5 配置无线网络

任务情景

某系统集成公司承接了祥云公司的无线网络改造项目,对业务网络进行IP地址段划分工作已经完成。无线网络设备开始进场安装调试,现需要对AC配置管理IP地址,AP设置成瘦模式,通过AC来管理无线AP。

本任务网络拓扑如图3-5-1所示。

拓扑说明:AC设备1台、PC1台、Console线1根、网线2根、PoE供电模块1个、AP设备1台。

图3-5-1 网络拓扑

任务需求

1)按照图3-5-1搭建网络。

2)在AC上创建一个VLAN并设置IP地址,将连接AP的接口设置为Trunk模式,IP地址规划见表3-5-1。

表3-5-1 IP地址规划

VLAN	IP地址
AC/10(管理VLAN)	192.168.10.1

3)AC绑定配置文件并下发到AP,修改AP硬件类型设置。

学习目标

- 掌握绑定配置文件的设置。
- 掌握配置文件下发至AP的方法。
- 掌握AP的硬件类型设置。

任务分析

作为网络管理人员，拿到一台AC设备后首先需要检查AC配置，恢复出厂设置。然后在AC上绑定配置文件，下发配置到AP，修改AP硬件类型设置。查看手机是否能搜索到WiFi，使用PC通过Telnet连接到AP查看硬件类型是否修改。

预备知识

对于AP而言，每个虚拟AP都唯一对应一个Network，AC上默认有16个Network（1~16）与虚拟AP的0~15对应。

任务实施

第1步：基础环境配置。

AC恢复出厂设置。

```
AC#set default
AC#write
AC#reload
```

第2步：绑定配置文件。

1）进入无线配置模式，创建两个Network分别命名为DCN01和DCN02。

```
AC(config-wireless)#network 1
AC(config-network)#ssid DCN01
AC(config-network)#network 2
AC(config-network)#ssid DCN02
```

2）在AC上进入无线配置，输入相关命令在虚拟AP端口下绑定Network 2并启用。

```
AC(config-wireless)#ap profile 1
AC(config-ap-profile)#radio 1
AC(config-ap-profile-radio)#vap 1
AC(config-ap-profile-vap)#network 2
AC(config-ap-profile-vap)#enable
```

第3步：硬件类型设置。

```
AC(config-wireless)#ap profile 1
AC(config-ap-profile)#hwtype 59
```

第4步：在用户模式下，输入相关命令实现配置下发。

```
AC#wireless ap profile apply 1
All configurations will be send to the aps associated to this profile and associated clients on these aps will be disconnected. Are you sure you want to apply the profile configuration? [Y/N] y
AP Profile apply is in progress.
```

第5步：查看AP硬件类型是否为修改后的硬件类型。

1）通过手机查看WiFi是否能被搜索到。

2）通过Telnet连接到AP上查看硬件类型是否被修改，如图3-5-2所示。

```
WLAN-AP#
WLAN-AP# get system device-type
59
WLAN-AP#
```

图3-5-2　查看AP硬件类型

注意事项：需要在AC上创建DHCP，设置管理地址，使AP成功上线，才能实现配置下发。

配置文档：

```
hostname AC
!
service dhcp
!
ip dhcp excluded-address 192.168.10.254
!
ip dhcp pool AP
 network-address 192.168.10.0 255.255.255.0
```

```
   default-router 192.168.10.254
!
vlan 1;10
!
Interface Ethernet1/0/1
 switchport mode trunk
 switchport trunk native vlan 10
!!
interface Vlan10
 ip address 192.168.10.254 255.255.255.0
!
no login
wireless
  auto-ip-assign
  channel enhance enable
  discovery vlan-list 10
  static-ip  192.168.10.254
  network 1
    ssid DCN01
!
  network 2
    ssid DCN02
!
ap profile 1
  hwtype 59
  radio 1
   dot11n channel-bandwidth 20
   vap 0
!
   vap 1
     enable
!
ap database 00-03-0f-82-b7-70
!
```

任务总结

通过本任务，掌握了AC绑定配置文件，掌握了AC配置文件下发至AP的配置方法以及AP的硬件类型设置。

任务评价

请根据实际情况填写表3-5-2。

表3-5-2 评价表

评价内容	评价目的	标准		方式	学生自评	教师评价
使用命令恢复交换机出厂设置	检查掌握知识和技能的程度	正确（2分）	错误（0分）	任务满分为10分，根据完成情况评分		
AC绑定配置文件		正确（2分）	错误（0分）			
在AC上设置AP硬件类型，并完成配置下发，成功修改AP硬件类型		完成（3分）	未完成（0分）			
个人表现	评价参与学习任务的态度与能力，团队合作的情况等	3分				
合　计						

注：合计=学生自评占比40%+教师评价占比60%。

 知识小测

单项选择题

1. AP查看硬件类型的命令是（　　）。

   A．get system band-plan

   B．get system device-type

   C．set managed-ap managed-type

   D．get system

2. 下发AC配置文件至AP的命令是（　　）。

   A．wireless ap profile apply xxx

   B．wireless ap reset

   C．wireless switch provision

   D．wireless ap channel set

3. 通过AC访问到AP的命令行界面，AP的默认地址是（   ）。

  A. 192.168.1.100　　　　　　　B. 192.168.100.100

  C. 192.168.1.10　　　　　　　　D. 172.168.10.1

任务6　配置无线网络的安全接入认证

任务情景

  某系统集成公司承接了祥云公司的无线网络改造项目，对业务网络进行IP地址段划分工作已经完成。无线网络设备进场安装并开始调试工作，为了加强网络安全，现需要对AC配置安全接入认证，确保不同用户接入无线网络需要身份验证。

  本任务网络拓扑，如图3-6-1所示。

  拓扑说明：AC设备1台、PC1台、Console线1根、网线2根、PoE供电模块1个、AP设备1台。

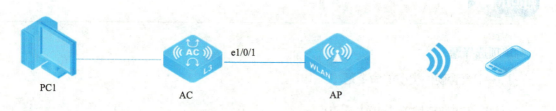

图3-6-1　网络拓扑

任务需求

  1）按照图3-6-1搭建网络。

  2）在AC上配置Network 1设置为OPEN（开放接入）认证，Network 2设置为WPA-PSK（无线网络安全接入预共享密钥）认证。

  3）手机接入AP可以实现和PC的互通。

学习目标

- 掌握安全接入OPEN认证的配置。
- 掌握安全接入WPA-PSK认证的配置。

任务分析

作为网络管理人员，拿到一台AC设备后首先需要检查AC配置，恢复出厂设置。然后在AC上配置安全接入认证，使用命令查看设置确保在Network生效，再绑定配置文件下发给AP，使移动终端接入无线网络需要安全认证。

预备知识

PSK（预共享密钥）是传统的连接无线路由器的认证方式，AP管理员事先设置统一的连接密码，其他接入者使用这个密码进行连接。

任务实施

第1步：基础环境配置。

1）AC恢复出厂设置。

```
AC#set default
AC#write
AC#reload
```

2）AP恢复出厂设置，切换成瘦AP模式。

第2步：进入AC，配置安全接入认证。

1）进入无线配置模式，创建一个Network 1，设置安全接入方式为OPEN（开放接入）。

```
AC(config)#wireless
AC(config-wireless)#network 1
AC(config-network)#security mode none
```

2）进入无线配置模式，启用WAPI功能，启用一个Network 2，配置安全接入方式为WPA-PSK，启用密钥相关功能。

```
AC(config)#wireless
AC(config-wireless)#wapi enable
AC(config-wireless)#network 2
AC(config-network)#security mode wapi-psk
AC(config-network)#wapi psk type ascii //设置密钥类型为ASCII类型
AC(config-network)#wapi psk length 8 //设置密码长度为8
AC(config-network)#wapi psk pass-phrase 12345678
AC(config-network)#exit
AC(config-wireless)#ap profile 1
AC(config-ap-profile)#radio 1
AC(config-ap-profile-radio)#vap 1  //进入vap1接口
AC(config-ap-profile-vap)#network 2
AC(config-ap-profile-vap)#enable   //启用network2
```

第3步：查看Network的安全认证是否配置。

1）查看相关配置是否在Network 1生效，如图3-6-2所示。

2）查看相关配置是否在Network 2生效，如图3-6-3所示。

```
AC#show wireless network 1
Network ID......................................1
SSID..........................................DCN01
WDS Mode.....................................Disable
WDS Remote VAP MAC............................-----
Interface ID..................................20000
Default VLAN..................................1
M2u Threshold.................................6
Hide SSID....................................Disable
Deny Broadcast...............................Disable
L2 Distributed Tunneling Mode................Disable
Bcast Key Refresh Rate........................86400
Session Key Refresh Rate......................0
Wireless ARP Suppression.....................Disable
Wireless Proxy ARP...........................Disable
Wireless DHCP Suppression....................Disable
Wireless Bmcast Filter.......................Disable
Security Mode.................................None
```

图3-6-2　查看Network 1参数

```
AC#show wireless network 2
Network ID......................................2
SSID..........................................DCN01
WDS Mode.....................................Disable
WDS Remote VAP MAC............................-----
Interface ID..................................20001
Default VLAN..................................1
M2u Threshold.................................6
Hide SSID....................................Disable
Deny Broadcast...............................Disable
L2 Distributed Tunneling Mode................Disable
Bcast Key Refresh Rate........................86400
Session Key Refresh Rate......................0
Wireless ARP Suppression.....................Disable
Wireless Proxy ARP...........................Disable
Wireless DHCP Suppression....................Disable
Wireless Bmcast Filter.......................Disable
Security Mode................................WAPI PSK
```

图3-6-3　查看Network 2参数

第4步：AC绑定配置文件下发给AP，使用手机无线安全接入AP。

注意事项：Network 2需要到虚拟AP 1下启用才会生效。

AC配置文档：

```
hostname AC
wireless
wapi enable
  network 1
    ssid DCN01
```

```
      security mode none
    !
    network 2
      security mode wapi-psk
      ssid DCN02
      wapi psk type ascii
      wapi psk pass-phrase 12345678
  ap profile 1
    name Default
    radio 1
      dot11n channel-bandwidth 20
      vap 0
      vap 1
       enable
```

任务总结

通过本任务掌握了如何在AC上配置无线安全接入认证，OPEN认证配置较为简单无须设置接入密码，可用于开放式无线网络。WPA-PSK认证使用较广泛，需在AC上启用WAPI功能，设置预共享密钥，提升网络安全性。

任务评价

请根据实际情况填写表3-6-1。

表3-6-1 评价表

评价内容	评价目的	标准		方式	学生自评	教师评价
AC和AP恢复出厂设置，AP切换成瘦模式	检查掌握知识和技能的程度	正确（1分）	错误（0分）	任务满分为10分，根据完成情况评分		
配置设置安全接入方式为OPEN，手机接入AP可以和PC互通		正确（3分）	错误（0分）			
配置设置安全接入方式为WPA-PSK，手机接入AP可以和PC互通		完成（3分）	未完成（0分）			
个人表现	评价参与学习任务的态度与能力，团队合作的情况等	3分				
合　　计						

注：合计=学生自评占比40%+教师评价占比60%。

知识小测

单项选择题

1. 设置AP接入安全认证模式为开放式接入的命令是（　　）。

   A. security mode wapi-psk　　B. security mode static-wep

   C. security mode wpa-personal　　D. security mode none

2. 在AC上启用WAPI认证功能的命令是（　　）。

   A. wapi authentication-server　　B. wapi msk-refresh client-offline

   C. wapi enable　　D. wapi psk type ascii

3. WPA-PSK是以下哪个认证方式的缩写（　　）。

   A. Wapi-Certificate　　B. Wpa-Personal Key

   C. Wapi-Psk　　D. Static-Wep

Unit 4

单元 4
配置防火墙

单元概述

本单元主要介绍防火墙管理，防火墙管理是指具有防火墙管理权限的管理员对防火墙运行状态管理的行为。管理员的行为主要包括通过防火墙的身份鉴别、编写防火墙的安全规则、配置防火墙的安全参数、查看防火墙的日志等。在防火墙的管理中，最为常见的是通过SNMP进行管理，是由互联网工程任务组织（IETF）的研究小组为了解决互联网上的路由器管理问题而提出的。

任务1 登录防火墙

任务情景

祥云公司为了让维护人员配置某机房防火墙设备的时候方便一些，委托某集成公司在公司机房中的防火墙设备上通过使用Console线缆对防火墙进行CLI界面配置，开启接口的安全外壳（SSH）功能和Telnet功能，使维护人员不用通过Console线缆到现场进行CLI界面配置，可以通过远程终端配置该防火墙设备。

本任务网络拓扑如图4-1-1所示。

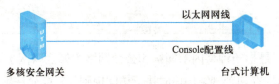

图4-1-1　网络拓扑

学习目标

- 使用Console线连接配置防火墙。
- 使用Telnet配置防火墙。
- 使用SSH配置防火墙。

任务分析

本任务是学习如何入门使用防火墙，通过以下两方面先认识防火墙的外观和连接。

1）本任务所用的防火墙设备一共有8个模块，其中有6个电口模块，2个光口模块，GE0~GE5都为电口模块，GE6和GE7都为光口模块，台式计算机使用以太网线连接防火墙上的6个电口模块进行测试，查看模块的LED灯是否正常亮起。

实验方法：

使用PC以太网线连接防火墙GE0口，查看是否正常亮灯，如图4-1-2所示。

图4-1-2　PC连接防火墙

2）通过光纤电缆互相连接GE6口和GE7口模块进行测试，观察模块的LED灯是否正常亮起。

实验方法：

使用光纤电缆互相连接到防火墙中的GE6和GE7口进行测试，查看是否正常亮灯，如图4-1-3所示。

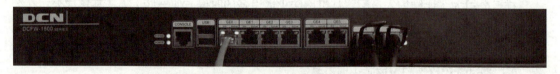

图4-1-3　光纤电缆互连

预备知识

所谓"防火墙"，是指一种将内部网络和公众网络（如互联网）分开的方法，它实际上是一种隔离技术。防火墙在两个网络通信时执行访问控制，它能允许用户"同意"的人和数据进入用户的网络，同时将用户"不同意"的人和数据拒之门外，最大程度地阻止网络中的黑客来访问用户的网络，防止他们更改、复制和毁坏用户的重要信息。

防火墙模块分两种，一种为电口模块，一种为光纤模块。

1）RJ45模块（电口模块）：RJ45插头又称为RJ45水晶头（RJ45 Modular Plug），用于数据电缆的端接，实现设备、配线架模块间的连接及变更。对RJ45水晶头要求具有良好的导通性能，满足超5类传输标准，符合T568A和T568B线序，具有防止松动、插拔、自锁等功能。

2）SFP光模块（光纤模块）：作用是光电转换，发送端把电信号转换成光信号，通过光纤传输后，接收端再把光信号转换成电信号，具有体积小、集成度高等特点。

防火墙支持本地与远程两种环境配置方法，可使用CLI、Telnet、SSH三种方式进行配置。

1）CLI：命令行界面是在图形用户界面得到普及之前使用最为广泛的用户界面，它通常不支持鼠标操作，用户需要通过键盘输入指令，计算机接收到指令后，予以执行。也可称为字符用户界面（CUI）。

2）Telnet：Telnet协议是TCP/IP协议族中的一员，是Internet远程登录服务的标准协议和主要方式，它为用户提供了在本地计算机上完成远程主机工作的能力。

3）SSH：SSH协议为建立在应用层基础上的安全协议。SSH协议是较可靠、专为远程登录会话和其他网络服务提供安全性的协议。利用SSH协议可以有效防止远程管理过程中的信息泄露问题。

防火墙的GE0接口是作为防火墙设备的默认管理接口，默认管理IP地址为"192.168.1.1"，该接口下默认开启了SSH功能，默认没有开启Telnet功能，要自己进入CLI对接口进行配置，可以通过计算机直连该接口进行远程配置实验。

第1步：建立本地配置环境。

1）用标准的RS-232电缆将PC的USB转串口连接，然后插到设备的COM口，查看USB转串口的驱动安装，安装完成后效果如图4-1-4所示。

2）在计算机上运行终端仿真程序（系统的超级终端等）建立不同设备的连接，如图4-1-5所示。

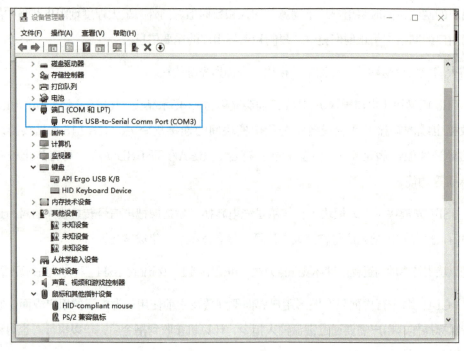

图4-1-4 查看端口

3）配置终端参数：

① 端口：COM3。

② 波特率：9600。

③ 数据位：8。

④ 奇偶校验：无。

⑤ 停止位：1。

⑥ 流量控制：无（任何一个都不要勾选上，否则进入不了配置界面）。

给设备通电，设备会进行自检，并且自动进行系统初始化配置。如果系统启动成功，会出现登录提示"Username:"。在登录提示后输入默认管理员名称"admin"并按<Enter>键，界面出现密码提示"Password"，输入默认密码"admin"并按<Enter>键，此时用户便成功登录并且进入CLI配置界面。成功进入CLI配置界面如图4-1-6所示。

图4-1-5 SecureCRT连接设置

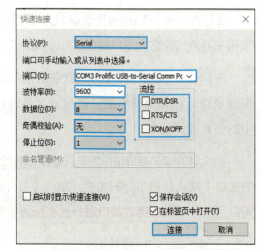

图4-1-6 CLI配置界面

注意事项：如果进入不了配置界面，则需要查看设备管理器USB转COM口的驱动是否安装成功，没有安装肯定进不去，若安装成功还是进不去，可能有两个原因，一是驱动有问题，安装完了虽然也会出现COM字眼的接口，但是进不去配置界面；二是流控问题，不要勾选三个流控选项，勾选上就可能进不了配置界面。

温馨提示：用命令对设备进行配置或者查看设备的运行状态。使用命令时可随时输入"？"寻求帮助。

第2步：通过CLI配置界面配置接口上的Telnet功能。

要用Telnet功能通过局域网或广域网登录到设备并对其进行配置，需要满足下面的条件：

1）已经为设备接口配置了正确的IP地址，并且开启了接口的Telnet功能。开启接口的Telnet功能，在接口配置模式执行"allow telnet"命令。

2）在配置终端设备之间有可达路由。

3）将计算机的以太网口跟设备的GE0接口连接，使用Console线进入配置界面，运行"allow telnet"命令开启接口的Telnet功能。

```
Fw-1> enable
Fw-1# configure terminal
Fw-1(config)# interface ge0
Fw-1(config-ge0)#allow telnet
```

验证配置：

```
Fw-1# show running-config interface
interface ge0
 ip address 192.168.1.1/24
 allow https
 allow telnet
 allow ssh
 allow ping
!
```

4）修改自己的本机IP地址为"192.168.1.0/24"，网段内的IP地址使用的是"192.168.1.2"，网关为GE0口上的IP地址为"192.168.1.1"，如图4-1-7所示。

图4-1-7 电脑IP地址配置

第3步：测试结果。

在计算机上运行终端仿真程序（系统的超级终端等）建立不同设备的连接，有Secure CRT Telnet连接和CMD Telnet连接两种。

1）SecureCRT Telnet连接如图4-1-8和图4-1-9所示。

图4-1-8 SecureCRT Telnet连接设置　　图4-1-9 SecureCRT Telnet连接后

2）CMD Telnet连接如图4-1-10和图4-1-11所示。

图4-1-10　CMD Telnet连接配置

图4-1-11　CMD Telnet连接后

以CMD Telnet连接为例，实验方法如下：

① 在Windows系统下，按<Win+R>组合键打开"运行"。

② 输入"CMD"命令。

③ 在操作界面输入"telnet [设备IP地址]"，然后输入账号密码登录即可。

在CMD界面使用Telnet命令需要安装Telnet服务，安装方法：进入控制面板→单击程序和功能→单击启用或关闭Windows功能→找到Telnet Client勾选确定，如图4-1-12～图4-1-14所示。

图4-1-12　安装Telnet客户端1

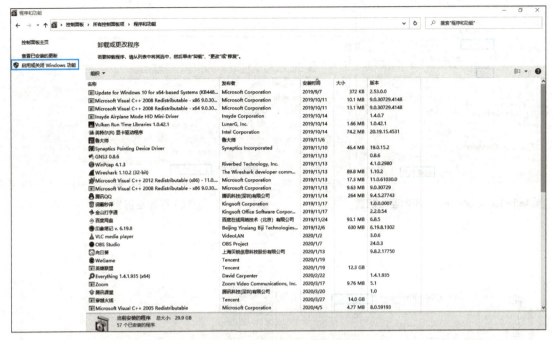

图4-1-13　安装Telnet客户端2

注意事项：用Telnet方法配置设备时，不要随意改变设备上配置了Telnet连接接口的IP地址，改变该接口IP地址会导致Telnet断开连接。

第4步：通过CLI配置界面配置接口上的SSH功能。

使用SSH登录到设备并对其进行配置，首先必须保证满足以下各项条件：

1）已经为设备接口配置了正确的IP地址，并且开启了接口的SSH功能。开启接口的SSH功能，在接口配置模式执行"allow ssh"命令。

图4-1-14　安装Telnet客户端3

2）在配置终端设备之间有可达路由。

3）将计算机的以太网口跟设备的GE0接口相连接。

4）运行"allow ssh"命令开启被连接接口的SSH功能（默认GE0口上是有开启这个功能的，也可以不用输入该命令，只是要通过其他接口进行SSH远程控制的话就需要配置）

5）修改自己的本机IP地址为"192.168.1.0/24"位网段内的IP地址，这里使用的是"192.168.1.2"，网关为GE0口上的IP地址"192.168.1.1"。

6）在计算机上运行终端仿真程序（系统的超级终端等）建立不同设备的连接，并按照图4-1-15～图4-1-17所示步骤配置终端参数，登录成功如图4-1-18所示。

图4-1-15 SecureCRT SSH连接配置

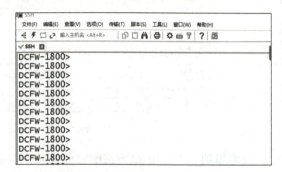

图4-1-16 SSH允许加密密钥

图4-1-17 SecureCRT SSH连接

图4-1-18 SecureCRT SSH连接后显示

7）在CMD界面使用SSH配置，Windows 10默认安装了SSH客户端功能，所以不需要手动去安装，这里直接进入CMD界面使用命令"ssh admin@192.168.1.1"，@前面为用户名，提示是否继续连接，输入"yes"，然后输入密码进入配置界面即测试成功，如图4-1-19所示。

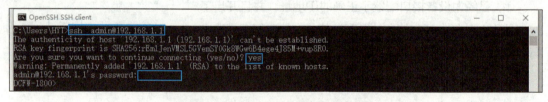

图4-1-19 CMD SSH连接防火墙设备

注意事项：用SSH方法配置设备时，不要随意改变设备上配置了SSH连接的接口的IP地址，改变该接口IP地址会导致SSH断开连接。

任务总结

本任务让读者对防火墙进行了一个初步的了解和认识，包括防火墙的概念是什么、有什么模块、有什么作用、有什么功能等。

1）通过本任务可以了解到进入防火墙配置的几种方法：Console线配置方法适用于现场调试或者排障使用，Telnet和SSH一般都是使用远程登录来进行配置或管理，更简单方便，不用到现场使用配置线就能进行配置和调试。

2）Telnet和SSH的安全问题。网络被攻击，很多情况是由于服务器提供了Telnet服务。Telnet服务有一个致命的弱点，它是以明文的方式传输用户名及密码，所以很容易被别有用心的人窃取。目前，一种有效代替Telnet服务的工具就是SSH服务。SSH客户端与服务器端通信时，用户名及密码均进行加密，可以有效防止对密码的窃听。任何一个有SSH功能的工作站都能通过TCP/IP网络连接到设备。

请根据实际情况填写表4-1-1。

表4-1-1　评价表

评价内容	评价目的	标准		方式	学生自评	教师评价
表述连接防火墙的方式	检查掌握知识和技能的程度	正确（2分）	错误（0分）	任务满分为10分，根据完成情况评分		
规定时间内，完成Telnet连接防火墙		正确（2分）	错误（0分）			
规定时间内，完成SSH连接防火墙		完成（3分）	未完成（0分）			
个人表现	评价参与学习任务的态度与能力，团队合作的情况等	3分				
合　　计						

注：合计=学生自评占比40%+教师评价占比60%。

单项选择题

1．Telnet功能和SSH功能比较的话，比较安全的是（　　）。

　　A．Telnet　　　　　　　　B．SSH

2．要通过Telnet功能登录设备，命令是（　　）。

　　A．allow ping　　　　　　B．allow http

　　C．allow telnet　　　　　　D．allow ssh

3. 防火墙实际上是一种（　　）的技术。

　A．隔离技术　　　　　　　　　B．防护技术

　C．杀毒技术　　　　　　　　　D．控制技术

4. 在（　　）情况下，能让防火墙设备的电口模块的LED闪烁。

　A．计算机连接防火墙设备电口模块

　B．防火墙设备自己连接自己的电口模块

　C．一个有线网卡坏了的计算机连接防火墙设备的电口模块

　D．一个时好时坏的有线网卡笔记本计算机连接防火墙设备的电口模块

任务2　使用Web UI管理防火墙

任务情景

祥云公司网络工程师拿到防火墙设备的时候对设备的命令比较陌生，公司领导考虑到是刚入职的职员对防火墙设备的命令行界面中的命令不是很熟悉，就让工程师使用Web UI图形界面对防火墙进行操作，图形化界面相对于命令行界面更容易上手。

本任务网络拓扑如图4-2-1所示。

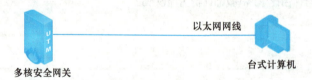

图4-2-1　网络拓扑

学习目标

● 学会通过以太网线访问Web UI界面。

任务分析

本任务需要用到管理IP地址的知识,同时需要在PC客户端配置和防火墙同一网段的IP地址才能访问到防火墙。在访问Web UI过程中,界面操作会比较轻松,要引导学生细心操作,切勿简单应付,如果认为操作简单而没有理解好原理,对后面复杂的操作容易产生其他不必要的失误。

预备知识

设备的GE0接口配有默认IP地址"192.168.1.1/24",并且该接口的超文本传输安全协议(HTTPS)功能是默认开启的。初次使用设备时,用户可以通过连接GE0接口访问设备的Web UI界面。

任务实施

第1步:将计算机的以太网口跟设备的GE0接口相连接,使用Console线进入配置界面。

第2步:修改本机IP地址、掩码、网关。

第3步:修改自己的本机IP地址为"192.168.1.0/24"位网段内的IP地址,这里使用的是"192.168.1.2",网关为设备GE0口上的IP地址"192.168.1.1"。

第4步:测试效果。

因为防火墙设备默认接口只开启了HTTPS功能,所以要在搜索引擎上输入"https://192.168.1.1"来访问防火墙Web UI登录界面,如图4-2-2所示。

图4-2-2　防火墙Web UI登录界面

输入用户、密码和验证码进入防火墙Web UI界面，如图4-2-3所示。

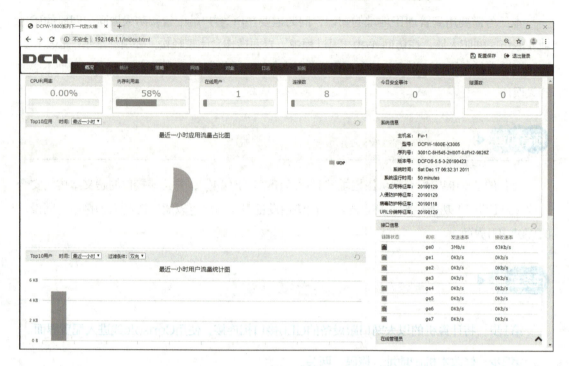

图4-2-3　防火墙Web UI界面

注意事项：如果无法进入配置界面，需要查看网线连接有没有问题，接口协议有没有开启，接口灯有没有亮等进行排错。

任务总结

通过本任务可以了解到，不仅可以通过命令行对防火墙进行配置，也可以通过访问Web UI来对防火墙进行配置。Web UI的操作比较简单方便，命令行的操作就比较复杂，但是各有各的好处，学会命令行的操作就能比较快速和完整地完成配置，Web UI配置会比较慢，有些命令行无法完成的操作可以通过Web UI进行配置，Web UI不能配置的可以通过命令行进行配置，相当于两者有一个互补的作用。

任务评价

请根据实际情况填写表4-2-1。

表4-2-1 评价表

评价内容	评价目的	标准		方式	学生自评	教师评价
表述Web UI的配置方式	检查掌握知识和技能的程度	正确（2分）	错误（0分）	任务满分为10分，根据完成情况评分		
表述命令行的配置方式		正确（2分）	错误（0分）			
在规定时间内完成Web UI和命令行的配置		完成（3分）	未完成（0分）			
个人表现	评价参与学习任务的态度与能力，团队合作的情况等	3分				
合　　计						

注：合计=学生自评占比40%+教师评价占比60%。

单项选择题

1. 防火墙设备的默认管理接口上，（　　）。

   A．HTTP和HTTPS都不开启　　　B．HTTP和HTTPS都开启

   C．默认开启HTTP　　　　　　　D．默认开启HTTPS

2. HTTPS访问Web UI界面，可以通过浏览器输入（　　）实现。

   A．https://192.168.1.1　　　　B．https://192.168.1.1:433

   C．https://192.168.1.1:80　　　D．https://192.168.1.1:224

任务3　配置防火墙基础

祥云公司新安装了两台防火墙设备，两台防火墙设备名称都一样，不方便区分哪台设备

需要配置，较为麻烦。在现场没有Console线的情况下，需要用以太网网线直连防火墙设备的默认管理接口GE0，查看默认管理接口的默认配置，修改其中一台设备的名称，并且修改系统用户名为"user"，密码为"user@123"，方便用户维护人员通过这个账号进入进行维护。

本任务网络拓扑如图4-3-1所示。

图4-3-1 网络拓扑

学习目标

- 修改防火墙主机名。
- 查看防火墙默认管理接口的默认配置。

任务分析

本任务需要学生掌握一些默认的选项内容。学生学习之后能够举一反三，对其他设备能够进行配置，能够掌握默认选项的作用后，可以自定义选项的内容。要强化安全性意识，避免账号密码千篇一律。

预备知识

为了方便区分设备，有时候需要修改主机名。在没有Console线进行配置的情况下，可以通过默认管理接口来进行操作。

任务实施

第1步：修改本地网卡IP地址和网关，IP地址为"192.168.1.2"，掩码为"255.255.255.0"，网关为"192.168.1.1"，然后通过浏览器访问防火墙设备的Web UI界面。

第2步：查看默认管理接口配置。

管理接口的默认地址配置为"192.168.1.1/24"。配置步骤：

网络→接口配置→物理接口→按下GE0的蓝色小标查看默认配置，如图4-3-2和图4-3-3所示。

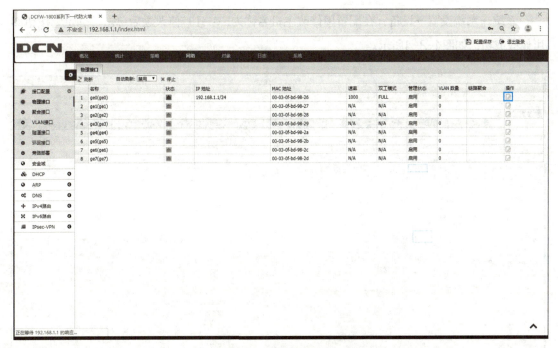

图4-3-2　GE0接口配置1

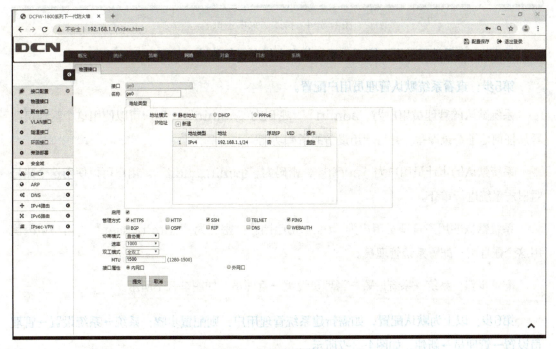

图4-3-3　GE0接口配置2

第3步：修改系统主机名。

为了方便区分设备，有时候需要修改主机名。配置步骤：

系统→系统设置→设备，在配置里修改主机名称为FW-1，修改之后单击"确定"按钮即可修改成功，如图4-3-4所示。

图4-3-4　修改防火墙主机名

第4步：查看效果，进入概况，系统信息主机名已经修改，如图4-3-5所示。

第5步：查看系统默认管理员用户配置。

系统默认的管理员用户为"admin"，密码为"admin"。用户可以使用这个管理员账号从任何地址登录设备，并且使用设备的所有功能。

系统默认的审计员用户为"audit"，密码为"admin.audit"。用户可以使用这个账号对日志系统进行审计。

系统默认的用户管理员用户为"useradmin"，密码为"admin.user"。用户可以使用这个账号用于配置系统管理员。

配置步骤：系统→系统设置→管理员设置→管理员，如图4-3-6所示。

第6步：以上为默认配置，如需新建系统管理用户，则配置步骤：系统→系统设置→管理员设置→管理员→新建，如图4-3-7所示。

单元4
配置防火墙

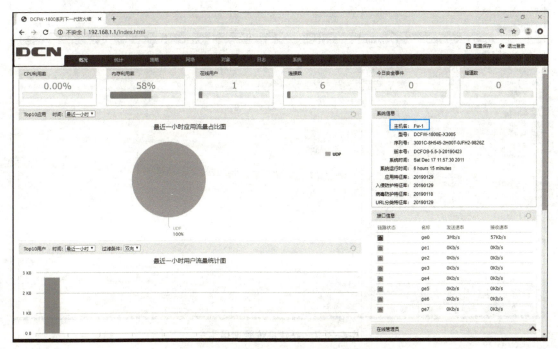

图4-3-5　查看是否成功修改防火墙主机名

图4-3-6　查看系统默认管理员用户配置

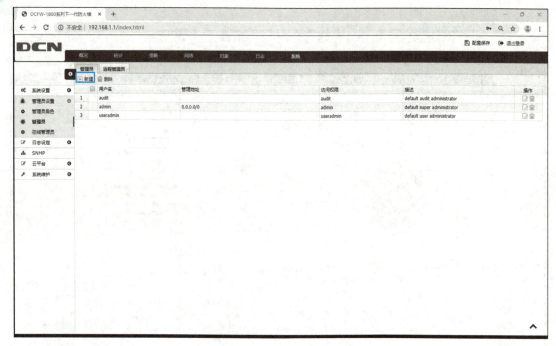

图4-3-7 新建系统管理员用户

第7步:新建一个user用户,访问权限为admin,类型为密码,密码为"user@123",如图4-3-8所示。

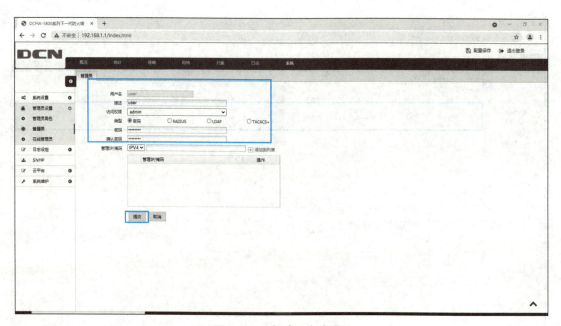

图4-3-8 新建用户步骤1

第8步:创建user用户成功,如图4-3-9所示。

注意事项:默认的一些设置最好不要去修改,如果忘记了IP地址或者是密码,Web UI进不去，甚至连Console配置也进不去那就得重启系统了，但是重启系统之前不要保存该配置，否则重启系统也不会恢复到默认的配置。

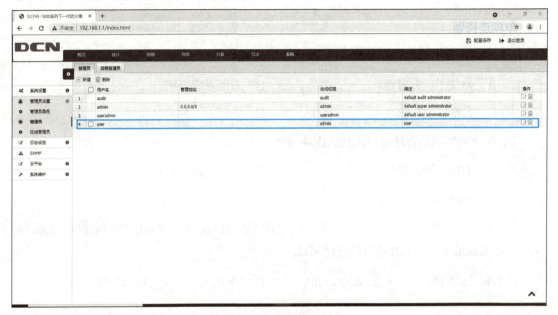

图4-3-9 新建用户步骤2

任务总结

通过本任务学习了修改主机名来区分设备，没有Console线进行现场配置时，可以通过防火墙设备上的默认管理接口进行配置管理，创建系统用户等操作。

任务评价

请根据实际情况填写表4-3-1。

表4-3-1 评价表

评价内容	评价目的	标准		方式	学生自评	教师评价
表述Console管理的作用	检查掌握知识和技能的程度	正确（2分）	错误（0分）	任务满分为10分，根据完成情况评分		
表述如何修改主机名		正确（2分）	错误（0分）			
在规定时间内通过配置管理		完成（3分）	未完成（0分）			
个人表现	评价参与学习任务的态度与能力，团队合作的情况等	3分				
合计						

注：合计=学生自评占比40%+教师评价占比60%。

知识小测

单项选择题

1. 修改设备主机名的作用准确的说法是（　　）。

   A. 方便于区分管理　　　　B. 方便看着舒服

   C. 方便识别自己　　　　　D. 方便对方知道我是谁

2. 防火墙的默认管理接口的默认IP地址是（　　）。

   A. 192.168.2.1　　　　　B. 192.168.1.1

   C. 192.168.1.10　　　　 D. 192.168.100.100

3. 新建一个管理用户，利用计算机网络跟默认接口连接，默认接口的全部功能都开启了，不可以通过（　　）方式登录进行配置。

   A. HTTPS　　　B. Console　　　C. Telnet　　　D. SSH

任务4　管理防火墙配置和系统

任务情景

祥云公司网络管理员在公司某机房内查看一台新安装的防火墙设备时，发现没有保存最新配置，并且已有的固件版本和特征库版本都太低。因此让工程师晚上学习配置好防火墙，保存最新配置，并且学习固件版本和特征库版本的升级，隔天早上进行现场操作配置。

本任务网络拓扑如图4-4-1所示。

图4-4-1　网络拓扑

学习目标

- 储存设备配置。
- 设备升级与重启。
- 特征库自动升级配置。

任务分析

本任务主要学习掌握防火墙的存储管理配置，并通过操作存储配置对系统固件版本进行备份和升级。读者能在学习过程中了解到网络技术是不断更新变化，防火墙为了抵御各类攻击，其特征库必须不断更新。

预备知识

存储管理的作用是储存最新的配置防止设备配置丢失或是没有保存。设备升级固件版本和特征库版本可以实现一些老版本没有办法实现的功能，特征库升级是"应用控制"的基础，系统由此可识别出各个具体的应用。

任务实施

第1步：保存最新配置。

通过HTTPS方式进入到Web UI界面配置，在界面上进行配置并保存。操作过程如图4-4-2和图4-4-3所示。

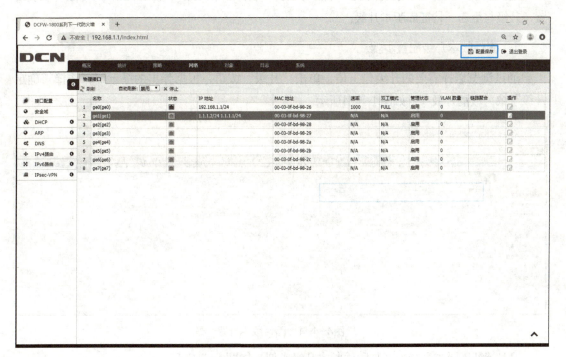

图4-4-2　保存配置1

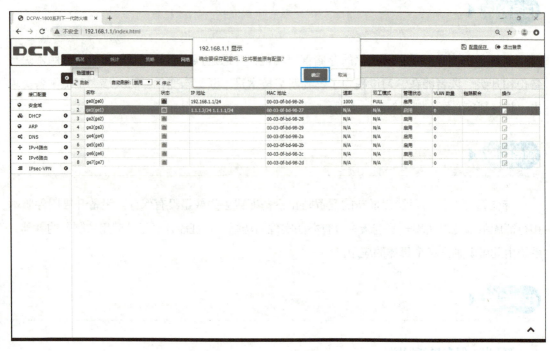

图4-4-3　保存配置2

第2步：固件和特征库版本升级。

进入Web UI界面→系统设置→升级与重启→固件版本升级；进入Web UI界面→系统设置→升级与重启→特征库版本升级。

1）固件版本升级配置步骤：

通过浏览选择需要的升级包上传，单击"升级"按钮，根据弹出的提示框，选择"确定升级"或"取消升级"，如图4-4-4所示。

图4-4-4　固件版本升级

2）特征库版本升级方式与固件版本升级类似，如图4-4-5所示。

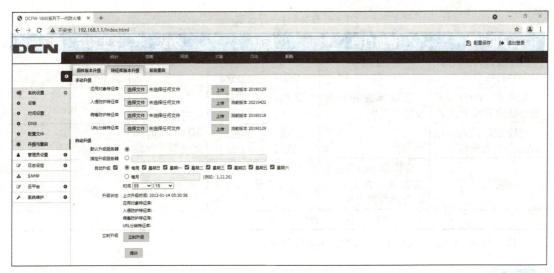

图4-4-5 特征库版本升级方式

第3步：自动升级特征库。

设备出厂时，已经默认加载了基础特征库。如果要自动升级，需要通过外网去访问，还得设置DNS服务器，操作设置如下：

1）默认升级服务器：升级服务器设为默认升级服务器。

2）指定升级服务器：设置升级服务器地址。

3）定期升级：启用定期自动升级。

4）星期数：按星期定期自动升级。

5）日期：按每月日期自动升级。

6）时间：每次自动升级的当天时间。

7）配置好后提交。

任务总结

保存最新配置文件的主要作用就是防止重要配置丢失或导致下次还得继续配置和排错。特征库如果不升级，防火墙里的有一些功能配置是实现不了的，但是设备出厂时，已经默认加载了基础特征库，所以不用担心不能用，升级只是升级基础特征库的版本而已，不会导致防火墙设备上的一些功能配置实现不了。

任务评价

请根据实际情况填写表4-4-1。

表4-4-1 评价表

评价内容	评价目的	标准		方式	学生自评	教师评价
表述通过Web UI配置固件升级的方式	检查掌握知识和技能的程度	正确（2分）	错误（0分）	任务满分为10分，根据完成情况评分		
表述通过Web UI配置特征库升级的方式		正确（2分）	错误（0分）			
在规定时间内完成Web UI配置升级		完成（3分）	未完成（0分）			
个人表现	评价参与学习任务的态度与能力，团队合作的情况等	3分				
合　　计						

注：合计=学生自评占比40%+教师评价占比60%。

知识小测

单项选择题

1．保存最新配置文件的主要作用准确的说法是（　　）。

　　A．防止配置丢失　　　　　　B．防止忘记配置

　　C．防止后面还得继续排除　　D．防止以后忘记

2．防火墙设备要升级固件版本的话，通过（　　）。

　　A．系统升级　　　　　　　　B．特征库版本升级

　　C．固件版本升级　　　　　　D．固件系统升级

3．对防火墙设备进行一个全方面升级，可以通过（　　）。

　　A．固件版本升级　　　　　　B．固件系统升级

　　C．系统升级　　　　　　　　D．特征库版本升级

任务5　配置SNMP功能

任务情景

　　祥云公司考虑在大型网络管理中，网络管理员比较头痛的问题就是如何实时了解不在身边的网络设备的运行状况。若要一台一台去查看网络设备的运行现状，很难实现。领导让工程师利用SNMP自动收集网络运行状况的方法应用。通过这种方法，工程师只需要坐在自己的位置上，就

可以了解整个机房的网络设备的运行情况。

本任务网络拓扑如图4-5-1所示。

图4-5-1　网络拓扑

➲ 配置SNMP。

本次任务目标是能够掌握SNMP的常规应用，通过使用SNMP明白如何更加简便和精准地管理网络，有助于在生产实践中提升工作效率。

预备知识

SNMP是专门设计用于在网络中管理网络节点（服务器、工作站、路由器及交换机等）的一种标准协议，它是一种应用层协议。SNMP使网络管理员能够提升管理网络的效率，发现并解决网络问题以及规划网络增长。通过SNMP接收消息及事件报告，获知网络出现的问题。SNMP的主要作用就是帮助网络管理人员更方便了解网络现状、发现并解决网络问题、规划网络的发展。

第1步：进入系统→SNMP→单击SNMP用户→新建，如图4-5-2所示。

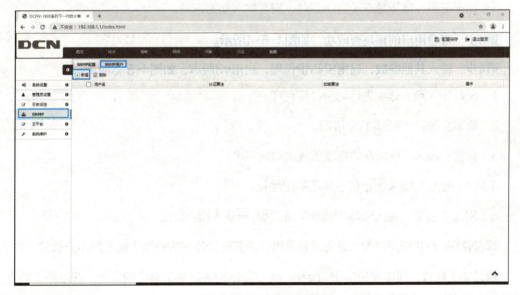

图4-5-2　SNMP配置

第2步：创建用户信息，如图4-5-3所示。

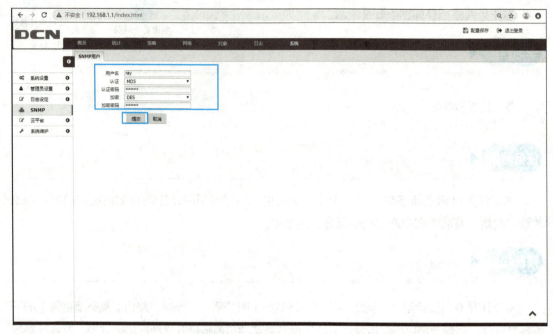

图4-5-3　创建SNMP用户及信息

1）用户名：SNMP登录所需要的用户名。

2）认证：选择认证方式。

3）认证密码：输入认证密码。

4）加密：选择加密方式。

5）加密密码：当加密方式为DES时，需要输入加密密码。

第3步：查看用户创建是否成功，如图4-5-4所示。

第4步：输入其他参数，启用SNMP代理，启用v3版本，如图4-5-5所示。

1）SNMP代理：选中为启动SNMP代理。

2）版本：选择v3版本的SNMP。

3）位置：输入系统所在的物理位置的描述字串。

4）trap地址：输入trap信息接收端IP地址。

5）SNMP团体：输入SNMP代理认证口令，默认为public。

该SNMP v3认证用户的认证方式及密码，需要同SNMP客户端上配置的用户保持一致。

通过如上配置，可以使用MIB browser等SNMP客户端工具访问设备，在这些工具上要配置相应的SNMP v3用户信息，可获取设备相应信息。

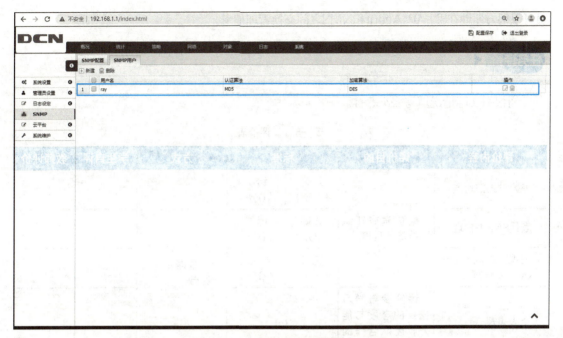

图4-5-4　查看SNMP用户是否创建成功

图4-5-5　配置SNMP代理

通过本任务可以了解到SNMP是管理进程（NMS）和代理进程（Agent）之间的通信协议。它规定了在网络环境中对设备进行监视和管理的标准化管理框架、通信的公共语言、相应的安全和访问控制机制。网络管理员使用SNMP功能可以查询设备信息、修改设备的参数值、监控设备状态、自动发现网络故障、生成报告等。有了这个简单网络管理协议（SNMP），用户管理员可以很方便地在SNMP Agent和NMS之间交换管理信息。

任务评价

请根据实际情况填写表4-5-1。

表4-5-1 评价表

评价内容	评价目的	标准		方式	学生自评	教师评价
表述SNMP功能	检查掌握知识和技能的程度	正确（2分）	错误（0分）	任务满分为10分，根据完成情况评分		
表述SNMP代理		正确（2分）	错误（0分）			
在规定时间内配置SNMP v3代理		完成（3分）	未完成（0分）			
个人表现	评价参与学习任务的态度与能力，团队合作的情况等	3分				
合 计						

注：合计=学生自评占比40%+教师评价占比60%。

知识小测

单项选择题

1. SNMP是OSI七层模型中的（　　）的协议。

　　A．网络层　　　　B．传输层　　　　C．应用层　　　　D．数据链路层

2. SNMP的主要作用是（　　）。

　　A．了解系统性能、发现并解决系统bug

　　B．了解网络bug、发现并解决

　　C．了解网络性能、发现并解决网络问题

　　D．了解网络环路、发现并解决环路

3. SNMP功能有（　　）。

　　A．查询设备信息　　　　　　　　B．修改设备的参数值

　　C．监控设备状态　　　　　　　　D．自动发现网络故障、生成报告

任务6 配置NTP功能

任务情景

祥云公司领导为了让公司的某机房的一台防火墙设备可以通过外网的网络时间协议（NTP）服务器进行时间同步，安排工程师在该设备上通过外网来进行NTP时间同步配置。

本任务网络拓扑如图4-6-1所示。

图4-6-1 网络拓扑

学习目标

- 配置NTP。

任务分析

本次任务是让学生知道为何要使用NTP，了解NTP对于设备间时间同步起到的重要作用，这能给生产环境带来极大的稳定性和便利性。

预备知识

NTP提供准确时间，首先要有准确的时间来源，这一时间是国际标准时间——协调世界时间（UTC）。NTP获得UTC的时间可以从原子钟、天文台、卫星或互联网上获取。

任务实施

第1步：进入系统→系统设置→时间设定，如图4-6-2所示。

1）系统时间：显示当前的系统时间。

2）时区选择：配置所在的时区。

3）配置方式：可以手动配置系统时间，也可以选择NTP服务器来同步系统时间。

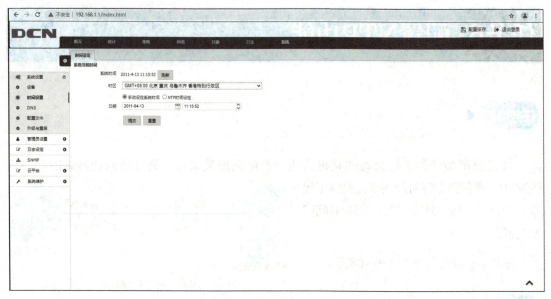

图4-6-2　查看防火墙NTP设置

手动配置时，用户自己设定具体的时间。与NTP服务器同步时，需要指定NTP服务器域名及同步间隔。有两个前提步骤：一是有去往外网的路由条目；二是配置DNS。

第2步：有去往外网的路由条目。

第3步：修改DNS，默认配置为"0.0.0.0 0.0.0.0"，修改为"114.114.114.114/8.8.8.8"。

第4步：有了去往外网的路由条目和配置好DNS之后，就可以进行NTP时间同步，如图4-6-3所示。

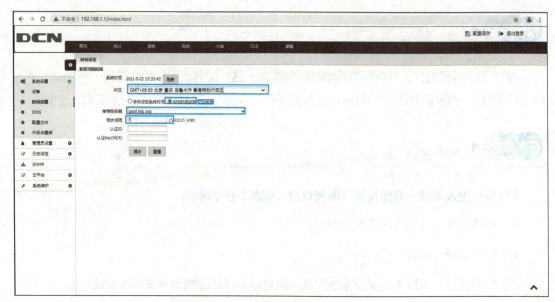

图4-6-3　配置防火墙NTP时间同步

第5步：同步成功，如图4-6-4所示。

图4-6-4　同步防火墙NTP时间成功

第6步：刷新看时间是否同步，然后提交即可，如图4-6-5所示。

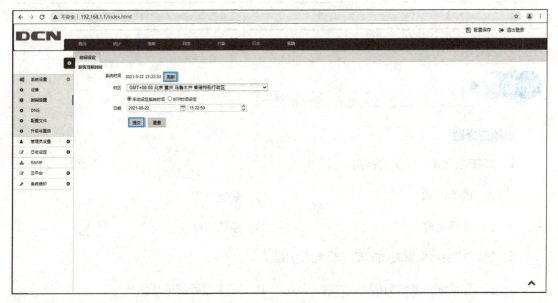

图4-6-5　提交防火墙NTP设置

使用NTP服务器同步时间的时候，要设置去往外网路由条目和DNS的原因是要通过外网出去访问其他的NTP服务器，从其他服务器同步时间到设备上来，这样就有了准确而可靠的时间源。

任务评价

请根据实际情况填写表4-6-1。

表4-6-1 评价表

评价内容	评价目的	标准		方式	学生自评	教师评价
表述NTP的作用	检查掌握知识和技能的程度	正确（2分）	错误（0分）	任务满分为10分，根据完成情况评分		
表述NTP注意事项		正确（2分）	错误（0分）			
在规定时间内完成NTP的配置		完成（3分）	未完成（0分）			
个人表现	评价参与学习任务的态度与能力，团队合作的情况等	3分				
合 计						

注：合计=学生自评占比40%+教师评价占比60%。

知识小测

单项选择题

1. NTP提供（　　）的作用。

   A．准确时间　　　　　　　　B．系统工作

   C．准确监控　　　　　　　　D．系统时间

2. NTP要手动配置时间的话，配置方法是（　　）。

   A．手动配置系统时间　　　　B．NTP服务器进行同步

   C．手动配置外网　　　　　　D．手动配置DNS

3. NTP要通过外网进行同步，配置方法是（　　）。

   A．手动配置系统时间　　　　B．选择NTP服务器进行同步

   C．手动配置外网　　　　　　D．手动配置DNS

任务7 配置防火墙的旁路部署模式

任务情景

祥云公司领导想要通过旁路部署模式对某机房中的防火墙设备进行流量监控,将交换机或路由通过某接口将网络流量镜像到防火墙的旁路接口上,从而使设备能够对旁路接口接收到的流量进行统计、扫描和记录,但是由于机房的交换机还没进行购买和配置,领导让工程师把旁路部署好,等到后面设备一到就开始进行操作和配置。

本任务网络拓扑如图4-7-1所示。

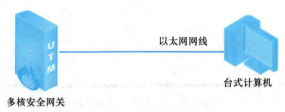

图4-7-1 网络拓扑

学习目标

- 配置旁路部署模式。

任务分析

本任务能够学习旁路部署模式的具体作用,区分和直接连接的区别。

预备知识

在旁路部署模式中,网络的流量不会流经设备,而是由其他网络设备把需要检测的流量镜像一份给系统。在这种部署模式下,设备不会影响网络的正常运行,可以通过与防火墙联动等手段来阻断攻击。

任务实施

第1步:进入网络→接口配置→旁路部署,勾选启动旁路模式的接口就可以完成旁路配置,如图4-7-2所示。

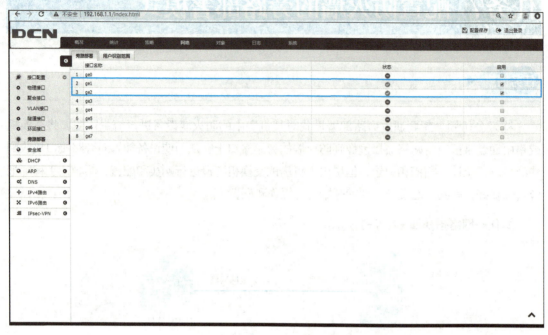

图4-7-2　设置防火墙旁路模式

第2步:单击旁路用户标签,可以选择识别范围,如图4-7-3所示。

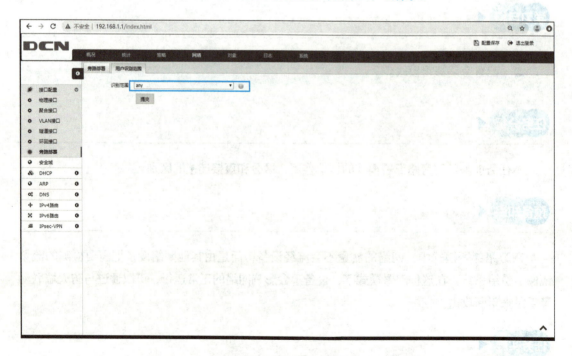

图4-7-3　旁路用户标签

在旁路模式下,需要制定内网用户的IP地址范围,否则无法正确识别出内网的用户。

任务总结

设备工作在旁路模式时,仅对流量进行统计、扫描或记录,并不对流量进行转发,同时,还需要在主干网络的交换机或路由支持端口镜像功能的设备上配置相关配置,将网络流量镜像发送到旁路接口上,才可以使设备能对旁路接口上的流量进行统计、扫描或记录。

任务评价

请根据实际情况填写表4-7-1。

表4-7-1 评价表

评价内容	评价目的	标准		方式	学生自评	教师评价
表述旁路部署模式的作用	检查掌握知识和技能的程度	正确(2分)	错误(0分)	任务满分为10分,根据完成情况评分		
表述旁路用户标签的作用		正确(2分)	错误(0分)			
在规定时间内完成旁路部署模式配置		完成(3分)	未完成(0分)			
个人表现	评价参与学习任务的态度与能力,团队合作的情况等	3分				
合计						

注:合计=学生自评占比40%+教师评价占比60%。

知识小测

单项选择题

1. 设置在旁路部署模式下,流量( )流经设备。

   A. 不会　　　　　　　　　　　B. 会

2. 旁路部署前需要在具有( )的交换机或路由上进行配置。

   A. 端口旁路功能　　　　　　　B. 端口系统功能

   C. 端口镜像功能　　　　　　　D. 端口流量功能

3. 旁路接口接收到流量会进行( )操作。

   A. 统计　　　B. 扫描　　　C. 记录　　　D. 阻止

参考文献

[1] 杨鹤男,张鹏. 路由型与交换型互联网基础[M]. 4版. 北京:机械工业出版社,2021.

[2] 杨鹤男,张鹏. 路由型与交换型互联网基础实训手册[M]. 4版. 北京:机械工业出版社,2021.

[3] 福尔. TCP/IP详解 卷1:协议[M]. 吴英,张玉,许昱玮,译. 北京:机械工业出版社,2016.

[4] 何琳. 网络搭建及应用[M]. 北京:电子工业出版社,2017.